JA新流
― 先進JAの人づくり・組織づくり ―

石田正昭・小林　元 編著

全国共同出版

はじめに

　本書は、『農業協同組合経営実務』本誌2015年4月号から翌16年3月号まで掲載された特集「JA新流」をとりまとめている。折しも農協改革と農協法改正を迎え、いわば外側からの他律的な変化を求められた農協系統であるが、第27回JA全国大会で掲げたように、農協系統自らの自律的な改革（自己改革）こそが求められている。そうした環境の中でもっとも問われることは、改めてJAが協同組合であることの意味の再確認であり、そして協同組合で働く役職員と組合員のJAへの結集の強化であろう。

　そこで本特集では次の三つの柱を立て、先進的な取組み事例とその解説を踏まえて、読者自らが事例から学ぶ構成を企図している。第一の柱は、「一歩先を行くJAの戦略」と題し、地域におけるJAの総合的な取組みを踏まえた経営戦略を、JAおちいまばり（村上浩一氏）、JA新ふくしま（菅野孝志氏）にご紹介いただいた。いずれのJAも、農を基軸に、組合員の幅広いくらしの課題を解決するための取組みを拡げている。同時に、その経営戦略は、組合員と地域を核としてJAの使命と経済性を両立するためのJAトップの思想が強く活かされているといえるだろう。

　第二の柱は、「革新を生み出す人材育成」と題して、職員に焦点をあてた。職員はJAの自律的な改革の牽引役であり、組合員の結集を支えるという「パートナー」、「オルガナイザー」としての役割発揮が期待されている。本特集では、JAあいち知多（松田定三氏）、JA横浜（海沼正雄氏）、JA福岡市（清水秀喜氏）に各JAの取組みをご紹介いただいた上で、第27回JA全国大会決議を中心に「JAの経済革新と人材育成の課題」として青柳斉氏に論点を整理いただいている。

　第三の柱は、「協同を拡げるJAの取組み」と題して、組合員に焦点をあてた。大会決議ではアクティブメンバーシップを掲げ、組合員の再結集を大きな目標とした。他律的な改革に対して、組合員自らの声で

JAを改革すること、言いかえればJAが協同組合であることを組合員自らが再確認し、組合員自らが積極的に協同組合に関わっていくことが求められている。全国のJAを見渡すと教育文化活動や支店協同活動、くらしの活動を通じてさまざまな取組みが見られるが、アクティブメンバーシップの確立に向けては、さまざまな取組みを戦略的に結びつける、言いかえれば横串を通すことが重要だ。ここでは戦略的に組み立てられた事例としてJA兵庫六甲（竹谷広地氏)、JA京都にのくに（福井雅之氏)、JA静岡市女性部（小川理恵氏）にご紹介いただいた。その上で、特にJAの総合力に着目して北川太一氏に総括的に整理いただいている。

そして三つの柱を貫く解題として、石田正昭氏に「JAの使命と経済性を両立するために」と題して、総括的に論点を提示いただいた。その要点は、「組織活動の革新に絶えず励みながら、その革新の成果を事業活動の革新の肥やしにするという協同組合の基本戦略」にあり、「役員力⇒職員力⇒組合員力⇒役員力」という好循環のJA運動が提起されている。すなわち本特集の三つの柱は、「一歩先を行くJAの戦略」＝「役員力」、「革新を生み出す人材育成」＝「職員力」、「協同を拡げるJAの取組み」＝「組合員力」から構成されているのである。

外部環境の著しい変化の中で、JAの自己改革は進みだしたが、それは農協を攻撃する側への対応ではない。組合員と役職員自らが協同組合を見詰めなおし、これまでの取組みに自身を抱き、そして次世代のJAを自ら組み立てていくことが求められる。本書がその一助となれば幸甚である。

編者を代表して　小林元

目　次

はじめに

序章　JA の使命と経済性を両立するために……………………… 石田正昭　7
　1．協同組合における組織体と事業体
　2．組織革新を事業革新に結びつける
　3．組織革新・事業革新のために何が必要か
　4．結びにかえて

一歩先を行く JA の戦略

第1章　JA おちいまばりの取組み……………………………… 村上浩一　23
　1．JA おちいまばりの概況
　2．経営戦略の考え方
　3．組合員・地域に貢献できる人材育成
　4．地域農業振興への取組み
　5．暮らしの貢献活動による地域の活性化
　6．まとめ

第2章　地域のど真ん中にある JA を目指す JA 新ふくしまの取組み… 菅野孝志　41
　1．はじめに
　2．目指したもの
　3．TPP と東日本大震災・原発事故の中で
　4．大転換期における新たな協同の創造と次代につなぐ協同
　5．4つの戦略を捉えて
　6．まとめ

革新を生み出す人材育成

第3章　活力ある職場づくりと人材育成
　　―JA あいち知多の取組み― …………………… 松田定三　57
　1．JA あいち知多の概況
　2．活力ある職場づくりについて
　3．人材育成について
　4．まとめ

第4章　「人材こそ経営資源」を実践
　　「准組合員はパートナー」など、JA 横浜の多彩な取組み … 海沼正雄　71
　1．横浜の農地面積は神奈川県内第1位
　2．事業の概況
　3．経営管理高度化への取組み
　4．人材こそ経営資源
　5．組合員学習への取組み
　6．組合員組織活動
　7．支部組織組合員後継者約6,300人を対象に一斉訪問面談運動を展開
　8．女性参画として評議員30人誕生予定
　9．農協改革への見解と対応

第5章　JA 福岡市の支店行動計画を通じた人材育成の取組み … 清水秀喜　85
　1．JA 福岡市の概況
　2．組織基盤・地域活性化への取組み
　3．職員への意識づけ
　4．組合員への意識づけ
　5．地域への意識づけ
　6．職員教育
　7．最後に

第6章　JA の経営革新と人材育成の課題
　　―JA 大会組織協議案から― …………………… 青柳　斉　99
　1．JA の「経営革新」とは
　2．「人材形成（育成）」の概念
　3．専門職化の限界と系統内人事交流の意義
　4．理念教育の要請とその意味

目　次

協同を拡げる JA の取組み

第7章　くらしの相談員を通じた組合員との関係づくり
―JA 兵庫六甲の取組み―……………………… 竹谷広地　113
1．JA 事業は、どう変わってきたか（現状と課題）
2．JA 兵庫六甲における「生活文化事業」とは
3．組合員からみて JA はどのような存在なのか
4．くらしの相談活動の課題と今後の展開方策
5．地域社会になくてはならない JA となるために

第8章　JA 京都にのくにの取組み……………………… 福井雅之　127
1．はじめに
2．JA 京都にのくにの概要
3．「くらしの活動」の推進体制の特徴について
4．組合員学習・職員学習についての考え方
5．組合員・職員の協同組合学習
6．支店協同活動への取組み
7．支店協同活動の中心は「支店活動活性化委員会」
8．地域住民参加のきっかけづくり
9．おわりに

第9章　躍動する JA 女性部が核となり地域活性化をプロデュース
―JA 静岡市女性部美和支部の取組み―……………… 小川理恵　143
1．はじめに
2．JA 女性部の強い意思から生まれた「アグリロード美和」
3．消費者との交流の場「生消菜言倶楽部」を立ち上げ
4．消費者との連携が新たなチャンスに～「生消菜言弁当」
5．農業や JA と、消費者・地域をつなぐパイプ役に
6．「農」を軸とした地域のキーステーション～アグリロード美和の成果
7．おわりに

第10章　「食と農を基軸として地域に根ざした協同組合」を
　　　　実現するために……………………… 北川太一　157
1．JA 全国大会決議の今日的意義
2．持続可能な農業の実現
3．豊かでくらしやすい地域社会の実現
4．「食と農を基軸として地域に根ざした協同組合」の実現に向けて
5．三つの JA の事例から
6．活動参加の促進と総合力の発揮に向けて

5

終章　JA新流　JAに横串と多様性を……………………………… 小林　元　169

　1．特集「JA新流」が目指したところ
　2．求められる「協同組合の基本戦略」
　3．好循環の仕組みをつくる
　4．次世代のJAの運営の仕組みづくりへ
　5．対症療法から原因療法へ
　6．くらしの活動から学習の場、その先に意思反映
　7．JAに横串をさすために
　8．多様性を育む協同組合を目指して
　9．改めて農協改革の本質を考える
　10．結びにかえて

各章の著者の団体名・所属は、月刊誌『農業協同組合経営実務』掲載時のものです（第6章を除く）。掲載号は各章の最後に記載してあります。

序章

JAの使命と経済性を両立するために

石田 正昭
龍谷大学農学部 教授

　JA（戦後農協）の使命は、戦後自作農の保護、具体的には「戦後自作農を二度と再び小作農に転落させないこと」に置かれています。しかし、自作農から小作農への転落という規定そのものが現実性を失っている現在、この規定を現代的に解釈しなおす作業が必要です。

　どのように解釈しなおすかは論者によってさまざまでしょうが、筆者は、550～600万戸といわれる戦後自作農が、一方では"法人経営"、他方では"土地持ち非農家"という範囲の中で著しい分解を遂げつつあるものの、それらすべての世帯を対象に「農家家族の福祉向上」に置かれるべきだと考えています。

　ここで注意すべきは「福祉」という言葉の意味です。福祉とは、高齢者福祉で使われるような「介護」や「助け合い」という狭い意味ではなく、ノーベル賞受賞の経済学者、アマルティア・センのいう福祉（well-being）、すなわち「幸せづくり」という広い意味を持っていることに留意すべきです。定義的にいうと、「何ができるか（行為）」「何になれるか（状態）」の両方に関して、その選択の幅を広げること、あるいはその実現の可能性を高めることを表しています。

　この定義のもとでは、JAの現代的使命は、農家家族（土地持ち非農家

を含む）が求める"営農"や"くらし"への自らの関わり方、あるいは
到達したい状態について、選択の幅を広げ、実現の可能性を高めること
にあると考えられます。あらかじめ「こういう関わり方ができるよ」と
か、「こういう状態になれるよ」ということを一方的に JA が農家家族
に示すのではなく、農家家族の声をよく聞きながら、その声を生かす、
あるいはその声に従って行動することがとりわけ重要になっています。

　本稿では、以上のような JA の現代的使命にかかわる取組みを"社会
的目的"と呼びたいと思います。と同時に、その社会的目的を実現する
ための手段としての JA 事業の経済性ないしは効率性を高める取組みを"経
済的目的"と呼び、この二つの目的を両立させるためには何が必要であ
るかを考えたいと思います。

　以上を要約すれば、JA における社会的目的と経済的目的の両立とは
「JA における組織体と事業体との協同組合的統合」を意味することにな
ります。

1．協同組合における組織体と事業体

　協同組合に関する ICA アイデンティティ声明では、協同組合は「人
びとの自治的な組織であり、自発的に手を結んだ人びとが、共同で所有
し民主的に管理する事業体をつうじて、共通の経済的、社会的、文化的
なニーズと願いをかなえることを目的とする」と定義されています。

　この定義に従えば、協同組合の主体（主権者）は「人びとが自発的に
手を結んだ自治的な組織」であり、協同組合の目的は「共通の経済的、
社会的、文化的なニーズと願い」であり、協同組合の手段は「共同で所
有し民主的に管理する事業体」ということになります。

　ここで、自治的な組織を組織体と呼べば、組織体（アソシエーション）
と事業体（エンタープライズ）との関係は「組織体の目的を達成するた
めの手段としての事業体」という目的⇒手段関係で結ばれています。そ
こでは、図1に示すように、組織体が事業体を包摂するような関係が成

図1 協同組合における組織体と事業体との関係変化

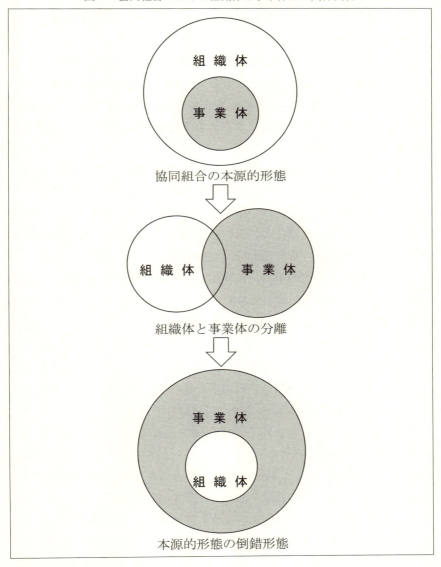

立しています。
　これを協同組合の本源的形態と呼べば、協同組合は、この本源的形態

のまま留まるというわけではありません。組織体における比較的緩慢な拡大と事業体における比較的急速な拡大の下で、当初の目的⇒手段関係が徐々に緩み始め、組織体と事業体との分離が始まるようになります。

　このような分離の行き着く先は、目的⇒手段関係が逆転した形の、新たな手段⇒目的関係の成立にほかなりません。本源的形態からすれば、この逆転の形態は「事業体の目的を達成するための手段としての組織体」という一種の倒錯形態を表しており、事業体が組織体を包摂するような関係が成立しています。

　以上で述べたような協同組合における本源的形態から倒錯形態への転換は、しかし、組織体と事業体にかかる静態的環境の中で起こるというわけではありません。通常は、激化する市場競争に対処する形で進められる事業の合理化・効率化と、協同組合の合併等を起因とする組織の広域化・大規模化といった動態的環境の中で起こっています。

　こうした動態的環境の下で、協同組合は、協同組合の使命の追求という組織体としての目的（社会的目的）と、激化する市場競争の中で生き残るという事業体としての目的（経済的目的）との間で、ジレンマに立たされています。そのジレンマとは、限られた経営資源（ヒト・モノ・カネ・情報など）の下で、社会的目標の追求は経済的目標の追求を遅らせ、経済的目標の追求は社会的目標の追求を遅らせる、という意味のトレードオフ関係（二者択一の関係）の成立にほかなりません。

　図2は、以上のトレードオフ関係を図示したものです。ここで、「有効性」とは協同組合の使命を追求するという社会的目的への傾注を表し、「効率性」とは激化する市場競争の中で生き残るという経済的目的への傾注を表しています。有効性を高めようとすれば効率性を犠牲にしなければならず、また、効率性を高めようとすれば有効性を犠牲にしなければならないという意味で、T_1とT_2で表されるトレードオフ関係は右下がりになっています。ここで、T_1とT_2は、時点1と時点2の静態的なトレードオフ関係を表しています。

　この図のM_1は、時点1で選択される現実のトレードオフ点です。仮

序章　JAの使命と経済性を両立するために

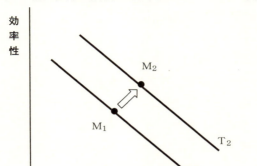

図2　協同組合の有効性と効率性のトレードオフ関係

に協同組合の組織運営と事業運営の両方に革新がなければトレードオフ関係は T_1 に留まるので、当該の協同組合はその線上のいずれかで新たなトレードオフ点を見出さなければなりません。この場合、有効性を上げれば効率性は下がり、効率性を上げれば有効性は下がるという苦渋の選択となります。

　この苦渋の選択から逃れるためには、組織運営と事業運営のどちらか一方、もしくはその両方で革新を図り、協同組合が直面するトレードオフ関係を T_1 から T_2 へシフトさせることが必要です。M_2 は、そのような革新に成功した場合に到達することのできるトレードオフ点の一つを表しています。

　M_2 は M_1 と比べて有効性と効率性の両方のレベルを引き上げており、一方を伸ばせば他方を犠牲にするといった弊害は除去されています。現実の協同組合で日常的に議論され、かつ実践されるべきことはまさにそういうことであって、われわれはそのような取組みを「組織革新」「事業革新」と呼んでいます。

　したがって、協同組合がなすべきことは、このような組織革新、事業革新が日常的に行われるような協同組合の活性化、あるいは組織体と事業体の自律性確保を図ることにあるといってよいのだと思います。

2. 組織革新を事業革新に結びつける

　JAは単独の事業を展開しているわけではありません。農産物販売、生産資材購買、農産物加工、農業施設利用、生活資材購買、信用、共済などの諸事業を総合的に展開しています。それぞれの事業はそれぞれ固有の働きをするものの、バラバラに存在するのではなく、JAのなくてはならない部分部分として統合され補完しあうべきものとされています。農家家族の福祉向上を現代的使命（大目的）とするJAにあって、それぞれの事業の展開（小目的）は重要であるものの、それはJAという単位で統合されていなければなりません。これは戦後農協に与えられた特別のメリットであり、そのメリットを簡単に手放してはいけません。

　こうした特別のメリットがあるにもかかわらず、現実のJAの事業運営はそのメリットを十分に発揮しているとはいえないでしょう。あたかも一つの身体のように統合・統治されるべき各事業が、連合会と直結したタテ割りの事業体制のもとで、それぞれ勝手に自走しはじめ、分裂の度合いを強めているように感じられます。

　具体的にいえば、信用事業、共済事業、営農経済事業のそれぞれにおいて、事業連主導型のCS向上運動が展開され、組合員制（メンバーシップ制）の軽視、組合員・利用者の顧客視化（お客様扱い）が進んでいるように感じられます。言いかえれば、「事業体の目的を達成するための手段としての組織体」という協同組合の倒錯形態が出現しているといってよいのかもしれません。

　このことは、各事業連が奨励する職員教育システムと事業推進システムを、各JAが未消化のまま導入していることによるものだと考えられます。と同時に、それは真の意味のトップマネジメントの欠如を表すものだと考えられます。この欠如のゆえに、総合事業を展開しているものの、実際にはタテ割りでしか動けないようなJA職員が日常的に作り出されているという現実があります。

序章　JAの使命と経済性を両立するために

　協同組合における組織運営と事業運営の基本は、組合員の組織活動を組合の事業活動に結びつけるという点にあります。より正確に表現すれば、組織活動の革新に絶えず励みながら、その革新の成果を事業活動の革新の肥やしにするというのが協同組合の基本戦略となります。

　この場合、重要な事柄が3つあります。

　第一は、組合員の組織活動を活発化することです。組合員の組織活動は黙っていても活発化するということはありません。活発化しようとする種（組合員）はすでに播かれているわけですから、その種が播かれている土壌に十分な肥料と水と日光を与えて、生育環境を整えてやることが事業体としての組合の役割となります。

　具体的にいえば、組合員の学習活動、組合員への広報活動、組合員の行う営農活動や生活文化活動などを活発化し、実質化していくことが大切です。マンネリやトラウマを排し、新たな活動に踏み出すための「気づき」を与えていくことが重要になります。

　その「気づき」を与えることの前提には、当然のことながら、役職員による絶えざる学習が必要であるということはいうまでもありません。それも事業連主導型の学習ではなく、JA主導型の学習、すなわち"人づくり"運動をどのように進めていくかがこの場合のキーポイントとなります。

　第二は、組合員の組織活動と組合の事業活動をつなぐパイプを太く、短くすることです。そのパイプ役は、組織体と事業体の両方の責任者である役員（理事）が担うべきことはいうまでもありません。しばしば役員は事業体の責任者であると狭く解釈されているようですが、正確には自らを選出した組織体の責任者（組合員代表）として、地区の組合員たちを引っぱっていく責務を負っています。

　具体的にいえば、広域化・大規模化したJA運営ですが、その場合の欠点を補うべく、組合員の身近なところで、組合員の意思に従い、組合員と役職員とが一緒になって行動するという体制をつくることが重要です。これを実現する仕組みが地区運営委員会なり支店運営委員会と呼ば

13

れるものですが、その主宰者に地区選出理事たちが当たることが不可欠となります。

　理事にしてもそうですし、総代にしてもそうですが、理事になってから理事としての心構えや役割を勉強する、総代になってから総代としての心構えや役割を勉強する、というのでは遅すぎます。理事になる前に、あるいは総代になる前に、組合員組織のリーダーとして現に活躍していることが必要となります。

　言いかえれば、組合員の組織活動を束ねる役割を現に果たしている人、あるいはその言動によって組合員の信頼を集めている人、このような人を発掘し、育成し、そして次代のリーダーとして適切に位置づけることが、現在のリーダーである地区選出理事たちの役割となります。

　第三は、組合の事業活動を活発化することです。すでに述べたように、JAの事業は複数、すなわち小目的はたくさんあって、それぞれの小目的を達成するための仕組みはある程度整っていますが、それらの事業を束ねて農家家族の福祉向上をはかるという大目的を達成するための仕組みは整っていません。

　ではどうするかが重要になりますが、その答はズバリ、事業に「横串を刺す」仕組みを開発することだといえます。これは "言うは易く行うは難し" の典型といえるでしょう。しかし、全国を見渡せば、たくさんのヒントが落ちていることは確かです。これを各JAが創意工夫を持って拾い集めれば、ほかにはまねのできない新しい仕組みを開発することができます。

　要は "案ずるよりは産むが易し" の精神で臨むことが重要なのです。

3. 組織革新・事業革新のために何が必要か

(1)組織活動の活発化

　組合員の学習活動、組合員への広報活動、組合員の行う営農活動や生活文化活動を活発化する上で、第一に重要なことは役職員の学習活動、

序章　JAの使命と経済性を両立するために

すなわち "人づくり" 運動であるということはすでに述べました。

では、具体的にこれをどう進めるかが問われなければなりません。ここで、その基本は「ムチを振り振りちーぱっぱ」の "すずめの学校" 形式ではなく、「誰が生徒か先生か」の "めだかの学校" 形式にあることを確認しておく必要があります。

めだかの学校では、生徒が先生になる、先生が生徒になる、というのが基本ですが、この仕組みは通常、"教育" ではなく、"共育" と呼ばれています。

この共育を進めるに当たっては、各部署から一人ずつ "学習担当者" を選出して、たとえば1か月に1回、本店の教育担当部署主催の学習会に出席させます。この学習会では、協同組合・JA関係のテキスト、DVD、新聞雑誌、さらには総代会資料などを使って、共同討議を行い、協同組合とは何か、JAとは何か、わがJAの課題とは何かといった基本問題に関する出席者の理解を深めることとします。

今般の（押し付けられた）JA改革は格好のテーマといってよいでしょう。

各部署の学習担当者は、本店学習会で学んだテーマとテーマへの接近方法を自分の部署に持ち帰って、同じような形式で部署別学習会を開きます。この部署別学習会でも同じように共同討議を進め、何回かの学習会を経て、その成果をレポートにまとめ、組合長に提出し、役員からの評価を受けます。その評価は、個人評価、集団評価の両方を含み、人事評価に反映させることとします。

その場合の評価基準は、理論のみならず実践、すなわち組合員ないし組合員組織を動かすことができるか、あるいは実際に動かしているか、に置かれるべきでしょう。言いかえれば、これは組合員と役職員との間で「情報の共有化」「認識の共有化」「理念の共有化」が図れるかどうかにかかっているといえます。

この学習活動強化の仕組みは、たとえばJA福岡市が行っている広報活動強化、具体的には日本農業新聞や家の光への出稿や、"支店だより" の発行を可能とするような支店広報担当職員の配置、あるいはJA兵庫

六甲やJAならけんが行っている生活文化活動強化、具体的には地区ないし支店での"JAくらしの活動"を促進できるような生活文化担当職員の配置と同じ意味のものです。

重要なことは、学習担当職員、広報担当職員、生活文化担当職員のいずれもが、自らの日常業務を超えて任命されているという点です。

渉外は渉外だけやっていればよいのではなく、組合員との日常的な接触の中で、組合員・組合員組織と幅広いコミュニケーションができるような能力を身に着けることが要請されています。

たとえば、"JAくらしの活動"において、組合員と職員とが一緒になって「ときめきビアホール」を開く（JA四万十）、支部女性組織の主催で「親子で遊ぶ工作ワークショップ」を開く（JA香川県）、助け合い組織活動の一環として「元気で長生きするぞ会」を立ち上げる（JA岡山）、朝市をやって「アーケード街の復興」を図る（JA山口宇部）、女性組織の有志が「小学校読み合わせ会」を開く（JA佐伯中央）などは、2015年2月の全国家の光大会"記事活用の部"で発表された取組みですが、このような社会的活動を協同活動として展開できるパワフルな組合員・組合員組織を持っている、あるいは育てられるようにしていかなければなりません。

もちろん、営農面についても事情は同じであって、そこでは集落営農組織の立ち上げやその育成、6次産業化関連の起業支援、マーケットインの販売組織づくり、家族経営協定の促進などを視野に入れる必要があります。いずれの取組みにおいても、組合員の中からキーマンを見つけ出すことが最重要課題となります。

(2)組織活動と事業活動のパイプ役づくり

この課題は、突き詰めれば、役員（理事）の資質向上にほかなりません。組合員の組織活動を活発化する中で、組合員の信頼を集める人を理事として育てる、あるいは理事として選出するといった仕組みを開発することが不可欠です。

今般の（押し付けられた）JA改革では、政府・政権側から「理事の過

半数を認定農業者や農産物販売・経営のプロとすることを求める規定を
置く」とされましたが、これについてはワクを設けて強制的に選ばれる
ようにするものではなく、その人柄を地区（支部）の組合員が認めて、
必然的に選ばれるようにするものでなければなりません。間違った政府
関与は、これを断固としてはねつける態度が必要とされます。

　組織活動を活発化し、その成果を事業活動に反映させるための仕組み
として、すでにわれわれは素晴しいモデル（ベンチマーク）を持ってい
ます。JA横浜の支店運営委員会がそれです。地区選出理事が主宰者と
なって毎月一回の支店運営委員会を開き、次期の理事候補が評議員とい
う資格で地区選出理事を補佐するという仕組みで運営されています。支
店運営委員会には、支部長（農家組合長）、女性部・青壮年部の代表、作
目別・目的別部会の代表らが集まってきます。彼らの中から、最も相応
しい人が評議員、理事として選ばれています。

　また、将来の組合員組織の代表を育成するという点についても、すで
にわれわれは素晴しいモデルを持っています。JA東京むさしの「組合
員大学」がそれです。この大学の受講生は誰でもよいというわけではあ
りません。地区（支部）からの推薦が必要であって、男女の隔たりなく
選ばれています。現在の常勤役員たちは、そうした取組みの中から次代
の代表者として誰が相応しいかを絶えず議論しています。

　どの先進的JAもそうですが、こうした連続性の確保が実績あるJA
づくりに貢献していることはほぼ間違いありません。

(3)事業活動の活発化

　ここでいう「事業活動の活発化」とは、具体的には「横串を刺す」た
めの仕組み開発を指しています。信用は信用で、共済は共済で、あるい
は営農経済は営農経済で、それぞれの事業活動はしっかりとした事業活
動が展開されていることが前提です。しかし、それだけでは足りないも
の、それが部署横断的な連携の強化です。

　たとえば、生活文化活動が活発に行われているJAであっても、その
担当者が満足していない、すなわちES（職員満足）が得られていない

というJAがたくさんあります。大事なヒトとカネをつぎ込みながら、担当している本人たちが不満を持っているのです。なぜかというと、「カネを稼いでいない」「あれはお遊びだ」という間違った認識が職場に蔓延しているからです。この間違った認識を払拭することが喫緊の課題だといってよいでしょう。

最近素晴しい実践事例に接しました。その一部を紹介すると、全国家の光大会に金融担当常務を送り込んだというJA秋田しんせいの事例です。組合員組織活動の素晴しさ、あるいはその活動の持つ重要性を実感するには、全国家の光大会を見せることが最善だと組合長が考えたからです。

また、JAいちかわは、どんな案件も常勤役員会での承認を受けた後に、毎週開かれる部長会での承認を受ける、たとえば企画部提案で支店協同活動を進めるという場合も、こんな部署横断的な活動を促進したいという提案を、常勤役員会のみならず、連携強化の観点から部長会で承認してもらっています。

一般的にいって、企画部門の独立性なり、企画部門の重要性が認識されていないJAが多いと思われます。総務部門なり企画管理部門はあっても、そこから企画部門が独立した形で担当常務を配置するなり、担当部長を配置するという事例は、よほど大きなJAでないと実現できていません。総務部門、企画管理部門の一つとして企画部署が設けられている場合には、どうしても管理志向が勝ってしまい、企画志向が埋没してしまう傾向があるように思われます。

そうした中で、JAながさき西海は企画部を立ち上げて、組織活動の活発化（支店協同活動）からはじまるJAづくりに取組んでいます。これは組合長の決断によるものとされています。

また、JAなすのでは、JAコスモスの「赤い褌隊」と同様の「男の居場所講座」を開始し、シニア世代のニーズを汲み取り、それをテコに年金口座獲得に結びつけようとしています。

問題は、その講座に集まった地域住民（員外）に、いやらしくない方法で組合加入を働きかけるという点にあります。この問題は組織活動を

序章　JAの使命と経済性を両立するために

組織活動で留めるのか、そうではなくて組織活動を事業活動に結びつけるのか、という間の分岐点を表しており、きわめて重要な問題です。言い方をかえれば、「JAくらしの活動」を金融事業と結びつけて考えられるかどうかという部署横断的な問題とみなすことができます。

　いやらしくない方法はいくつか考えられます。その場合の基本は、いやらしいと考える職場にしないということです。具体的には、①「男の居場所講座」の各回に、新規採用職員や金融担当職員を補助員として参加させ、オールJA的な取組みにすること、②開講前の受講希望者への説明会の時点でJAの理念や目的、JAの事業をしっかりと説明し、率直に組合加入を求めること、③組合加入のメリットを具体的に説明できるようにすること、そのためには「お得な商品・サービス」や「ポイント制度」などの具体的方策を備えていること、④各回の講座開始前の10分間で、担当各課がJA事業の説明をすること、またそのためのプレゼンテーション能力を磨くことなどを指摘できます。

　先進的JAでは、DVDの上映や寸劇などの趣向を凝らしたプレゼンテーションが行われていることを頭に入れておく必要があるでしょう。

　ここでは、とりわけ重視すべき点として“年金友の会”の組合員組織としての実質化という問題があることを指摘したいと思います。

　現在の“年金友の会”は事業利用に対する利益還元という性格が勝っていますが、この組織をシニア世代のニーズを的確に受け止め、それをJA事業に結びつける貴重な組合員組織として育てていくことが重要です。シニア世代はシニア世代に固有の問題、たとえば経済的不安、身体的不安、社会的不安を抱えており、これらの不安を協同の力で克服するような仕組みをつくることが重要です。その場合、一樂照雄氏の「子どもに自然を、老人に仕事を」というメッセージは貴重なヒントを与えているように思われます。シニア世代に寄り添った仕組み開発に成功すれば、評判が評判を生んで、年金口座獲得がより一層進むことが期待できます。

　これからは新規の年金受給層が減っていく時代です。“年金友の会”の組合員組織としての実質化は、組織革新を事業革新へつなぐための重

要な試金石になっているといってよいのではないでしょうか。

4. 結びにかえて

　2013年1月、ICAは「協同組合の10年に向けたブループリント」を発表しました。そこでは、2020年を目途とする協同組合の世界的な目標・戦略として、協同組合の「アイデンティティ」を確保することと、組合員の「参加」のレベルを引き上げることが強く謳われています。この目標・戦略を受けて、それぞれの協同組合は、組合員の参加レベルを引き上げるような具体的なプログラムを策定・実践することが望まれています。

　よい協同組合とは、協同組合の「アイデンティティ」からみて、すぐれた役員がすぐれた職員を育て、すぐれた職員がすぐれた組合員を育て、そして、すぐれた組合員がすぐれた役員を育てる、という好循環の体系を持っています。これを図式化すれば、図3に示すように、役員力⇒職員力⇒組合員力⇒役員力という好循環の体系が成立しています。役職員ならびに組合員の学習活動の活発化によって、こうした好循環の仕組みをつくること、このことをJA・JAグループの最優先課題とすることが求められています。（2015年4月号掲載）

図3　好循環のJA運動

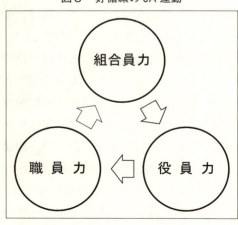

一歩先を行く JA の戦略

第1章
JAおちいまばりの取組み

村上 浩一
愛媛県・JAおちいまばり 参事

1. JAおちいまばりの概況

　当JAおちいまばりは、愛媛県の北東部に位置し、日本三大潮流として知られる来島海峡を隔てた芸予諸島に属する島しょ部を含み、古来より瀬戸内海の海上輸送の要所として発展してきた地域で、今治市（一部の地区を除く）と越智郡上島町を管内としています。

　交通については、愛媛県と広島県にまたがる6つの島と7つの橋で今治市と尾道市を結ぶ西瀬戸自動車道（しまなみ海道）により、大島、伯方島および大三島の3島は陸地部との終日往来が可能となりました。

　管内総人口の約6割が集中する旧今治市は、港とともに日本一のタオルと造船の町として発展してきた商工業中心の都市です。周辺地域には、長い歴史と豊かな自然に育まれた独自の産業が発達し、宮窪・吉海の大島石、伯方の自然塩、波方の海運業、菊間の日本瓦など、現在もなお、地域の主産業として全国的にも有名であります。

　管内の農業については、当JA農畜産物販売高の大半を占める柑橘類が、陸地部の傾斜地および島しょ部で栽培されており、陸地部の平坦地では、

組合の概要

平成 26 年 12 月末現在

組合員数	33,323 人	主要事業の事業量	
正	11,110 人	貯金	2,721 億円
准	22,213 人	貸出金	498 億円
役員数		平成 25 年度経営状況	
経営管理委員	23 人	事業利益	128 百万円
理事（常勤）	4 人	経常利益	463 百万円
監事	5 人	税引前当期利益	424 百万円
内常勤	1 人	平成 25 年度購買高	51 億円
職員数	915 人	肥料(4.9 億円)、農薬(5.6 億円)	
内正職員	501 人	飼料(6.1 億円)、農業機械(4.7 億円)、	
		燃料(4.8 億円)、食品（10.9 億円)	
		平成 25 年度販売高	64 億円
組合員組織		店舗及び主な施設	
果樹研究同志会、女性果樹同志会、米麦部会、果樹部会、花卉部会、養豚部会、肉用牛部会、野菜部会、共選運営委員会 他多数		本店1、営業経済事業本部1、支店29、営農生活センター14、購買生活店舗10、共選場3、広域営農施設4、直売所2、福祉施設7	
子会社の状況			
（株）ジェイエイ越智今治		農業生産法人（株）ファーム咲創	
●事業内容　自動車・燃料・店舗・葬祭 ・売上高　6.9 億円 ・社員数　380 人（内正社員 75 人）		●事業内容　農畜産物の生産・加工・販売／農作業の受委託／新規就農者等の研修 ・売上高　16 百万円 ・社員数　19 人（内正社員 5 人）	

米麦や施設園芸作物等の栽培が中心となっています。また、近年は切花をはじめ花卉の栽培農家も増加傾向にあります。島しょ部を中心に高齢化が進み、農業後継者不足が深刻化するなど地域農業についての課題は山積していますが、農地利用集積円滑化事業や農業法人の設立・育成等により、地域農業の保全・活性化に取組んでいます。

平成26年度は組合員3万人運動を進め、4千人以上の加入によりこれを達成しましたが、准組合員が正組合員の2倍となっています。

平成25年度の主な販売品内訳は、果実（27.3億円）、畜産物（12.6億円）、野菜（6.9億円）、米（2.8億円）、直売所販売高（14.4億円）となっています。過去最高の販売高は109億円でしたが、主要品目である柑橘販売高の激減により、平成25年度の販売高は64億円となっています。

第1章　JAおちいまばりの取組み

◯ 2．経営戦略の考え方

　JAおちいまばりは平成9年4月に今治市と越智郡の14JAが合併し18年が経過しました。当初から経営と組織運営・協同運動を進めていくための「理念」や進むべき「道」が検討され、協議の結果、経営理念として『あったか〜い、心のおつきあい。』を掲げることとなりました。その経営理念を実現するために「わたしたちは地域農業の創造、心豊かな地域づくり人づくりをめざします。」とのサブタイトルを付け、目指すべき指針としています。

　合併翌年には、今後の10年を見通した長期経営計画を策定し、その計画を基本として前期3年（平成10年度〜12年度）・中間期3年（平成13年度〜15年度）・後期4年（平成16年度〜19年度）の中期経営計画でより具体化した方策を実践してきました。その結果として、場所別部門別損益管理とトータル人事管理制度の確立ができたからこそ、合併直後の混乱を回避するとともに、合併メリットの発揮に向けて、組織運営上の問題を解消してきたといえます。

　また、平成13年度からは、合併メリット発揮のために「組合員サービスの質的転換をめざして」組織機能再編に取組みました。組織機能再編は事業機能の高度化、組合員利用者へのサービス向上を前提とし、「組合員・利用者の満足、経営体としての満足、職員の満足」を基本に、組合員・利用者のニーズに応えるための専門化対応が可能となる体制づくりと地域金融機関としての自己経営責任が可能となる経営基盤づくりおよび職員が働きがいの持てる職場環境づくりに取組んできました。

　この組織機能再編計画では、支店のあり方、あるべき姿、将来の方向を考え、JA全体の事業戦略に基づく支店・施設の機能再編・統廃合について検討するため、事業部門横断的なプロジェクトを設置し、長期経営計画の最終年度である平成19年度を見据えた組織機能再編提案書を策定しています。

25

組織機能再編における基本方針は、「地域農業の振興強化」「生活総合機能の充実」「金融事業体制機能の整備強化」「効率的経営組織の確立」であり、JAおちいまばりは、組合員・地域とともに農業・地域・人づくりを経営理念の中心的位置づけとし、命と未来を創るのは自分たちであるという誇りを持ち、心のふれあいを大切にする組織を目指す指針となりました。

　組織機能再編を実施することにより、結果として57支店・出張所が現在は29支店になり、各支店に併設されていた営農経済事業は7営農生活センターと7JAグリーンに統廃合されました。また、生活事業については、子会社を設立し、株式会社ジェイエイ越智今治として店舗事業（Aコープ）・自動車燃料事業・葬祭事業などを行っています。また、平成24年7月には農業担い手育成や農作業支援を通じて地域農業の発展を目指すため、農業生産法人株式会社ファーム咲創を設立しました。この組織機能再編により、支店や施設の統廃合が進みましたが、合併のメリットとして大型の農産物直売所「さいさいきて屋」設置による地域農業振興の拠点づくりが進むとともに、生活福祉事業や葬祭事業など新たな組織体制による組合員の暮らしを支える活動が実を結び始めています。

　職員においても、集中化と専門化により意識改革が進み、知識と資質の向上に繋がりました。その上、営農経済事業や生活事業の改革とともに、金融事業においても信用事業と共済事業という事業概念ではなく、営業と業務という考え方が導入され、機構・機能改革を行い営業力強化を図りました。また、金融事業においてはローンセンターを設置し、農業メインバンク機能の発揮に努めています。

　このような長期経営計画と組織機能再編提案書の策定により、JAおちいまばりの進むべき「道」と、その「道」を邁進するための「理念」が融合され、組合員と役職員がJAおちいまばりの経営戦略を理解し、同じ方向に向かって歩んでくることができました。また、この計画策定の体制やプロセスが職員に浸透し、自ら考え積極的に行動できる職員が育成され、働きがいのある職場風土の醸成に繋がってきました。

第1章　JA おちいまばりの取組み

◯ 3．組合員・地域に貢献できる人材育成

　合併時の正職員数は858人であり、旧 JA 別では133人が最多で最少は11人でした。そのため、それまでの組織体制や事業環境の違いにより、教育研修および人事管理の運用など、人材育成におけるさまざまな課題が出てきました。その課題を解決するため、平成10年5月から JA 全中の個別経営指導を受け、プロジェクトによる「能力主義人事管理制度」を設計し、平成11年度から運用を開始しました。「能力主義人事管理制度」は職能資格制度・能力開発制度・教育研修制度・人事考課制度・賃金制度・能力活用制度のトータルシステムであり、能力主義による人材活用（評価・処遇・配置など）や人材育成に効果を発揮してきました。

　特に、職種別・等級別に仕事内容、習熟要件および修得要件をまとめた「職能要件書」により、どのような仕事ができれば良いか、どのような能力を備えていれば良いかを明確にし、職員一人ひとりの努力目標を明らかにすることができました。現在では、当たり前に活用されている人事管理制度ですが、その当時としては画期的であり、職員の目指すべき「道」が示されたことにより、上司と部下が仕事上の目的を持って面接し、指導や意欲喚起・動機づけ・情報の共有化が図られました。

　また、自己啓発による資格取得や能力開発により「職員自らが意欲を高め、積極的な能力開発に取組む職場風土」が醸成されました。

　人材育成にあたっては、求められる職員像を明確にした人事労務基本方針を策定しています。JA おちいまばりの求められる職員像とは、「組合員の営農生活を高め、地域農業の振興をはかる職員」「協同組合理念を実践できる職員」「活力ある職場づくりのための業務の改善に積極的に取組める職員」であり、その求められる職員を育成するための人材育成基本方針として、「協同組合理念の実践と豊かな心でより高いサービスを提供することができる職員を育成する」「適切な異動ローテーションにより、専門知識を有する職員を計画的継続的に育成する」「職員の

27

意識改革と自己成長のため、計画的かつ効果的な教育研修を実施する」ことを示しています。加えて、具体的な職員教育への取組みについては、教育研修基本方針を経営計画の一環として毎年定め、教育研修計画により階層別研修・ライン職研修・新規採用職員研修・農業体験研修・職員資格認証試験研修などを実施しています。

　平成26年度の階層別研修においては、初級・中級・上級職員の研修が連動する内容とし、人材育成基本方針である「業務の改善に積極的に取組むために」をテーマに、職員一人ひとりが柔軟で創造的な思考力を身につけ、業務の中で創意工夫ができることを目指しました。今年度は農協改革における自己改革に向けた取組みを進めるため、原点に立ち返り、ＪＣ総研の講師による協同組合論や協同組合原則について全職員が学習することとしています。また、新規採用職員研修は四国八十八か所霊場である仙遊寺（第58番札所）の宿坊にて４泊５日の合宿研修をしています。その結果、同期として強い絆が育まれ、その後の業務に活かされています。業務の中でJA職員として育つ環境もできてきました。

　新規事業の創設や事業横断的な取組みを検討する場合はプロジェクトを設置し、各々が自由闊達に意見を出し合い、取りまとめた結果を役員に答申します。この検討の過程で専門知識の習得や発言力・取りまとめる力が身につくことと、職員間での意思疎通が図られることが大きな収穫ともなっています。また役員への答申（報告会）をすることにより、役員と会話をする機会も増え、風通しの良い職場となっていることが、職員が育つ良い環境ができた要素と考えられます。

　派遣や出向による人材育成も職員が育つ上では大変重要な手段です。JA全中が主催するJA経営マスターコースを受講することによる人材育成を行っています。開講２年目の平成12年度から職員を受講させ、平成26年度で13人が修了し、中核的な職員として責任ある部署で活躍しています。県内系統機関へもトレーニー制度などを活用し、JA愛媛中央会・JA愛媛県信連・JA全農えひめへ出向させていただき、着実に研鑽を積んでいます。

第1章　JAおちいまばりの取組み

図1　新人事管理のトータルシステム概念図

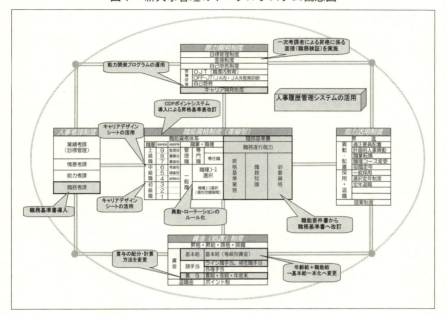

　以上のような人材育成環境に恵まれ、それぞれの事業において地域協同組合としての役割を果たすために能力を発揮できる職員が育っていると思っています。しかしながら、近年では人事管理制度において、保有能力主義から発揮能力主義への転換が求められていることから、実力成果主義を一部導入することにより、人事管理制度の指針であった「職能要件書」を「職務基準書」に置きかえ、職務遂行能力や昇格基準業務・職務知識・必要資格を職種別・等級別に設定し、人事考課においても「職務基準書」に基づき職務評価を行う、新たな人事管理制度を平成26年度から実力成果主義人事管理制度として運用を開始しました。

　従来の人事管理制度では、人事考課で一次考課者が被考課者と面接し、目標管理制度に則った業績評価などを行いましたが、新人事管理制度では、被考課者がまず自己評価を行い、一次考課・二次考課を実施した後、被考課者に評価がフィードバックされる仕組みを構築しました。

目標管理については、事業計画達成のための事業戦略職務目標や日常業務に直結した職務目標と長期的人材育成の視点からの自己啓発目標を設定します。これらの考課による昇給や昇格の基準や手順を刷新し、全体としてシステム化しました。(図1)

この新たな仕組みと人事考課基準を全職員で理解することにより、人事考課の精度と職員の納得性が向上するとともに透明性が確保されることで、職員の更なるやりがいに繋がると期待されています。

実力成果主義人事管理制度をうまく運用し定着させ、組合員・地域に貢献できる人材づくりに活かし、地域協同組合としての果たすべき役割を継続して担っていくためには、今までも、そしてこれからも、人の心を動かし、情熱と感動を届ける"人"を目指して、人事理念である『人間力溢れる人材の創造』の実践により、JAおちいまばりは「地域農業振興への取組み」や「暮らしの貢献活動による地域の活性化」に取組んでいきます。

４．地域農業振興への取組み

(1)地産地消による地域農業振興の拠点づくり

高齢化による離農や生産規模の縮小、JA共販への出荷者減少による販売高の減少、後継者不足、少子化などによる食の変化といった状況のもと、「安全・安心」を求める消費者の声も高まり、そのため兼業農家や小規模農家、女性や定年退職者などによる農業生産基盤の維持拡大を図ることで、農業所得の向上とともに地域農業振興を進めていこうと、平成12年11月に直売事業を開始しました。店の名称は何度も足を運んで欲しい、何度も来てくださいという思いを込めて「さいさいきて屋」と命名し、１号店として開店した当初は出荷者90名でスタート、続いて平成14年４月に「さいさいきて屋　富田店」をオープンしました。その後、１号店はＡコープ愛彩のインショップ「さいさいきて屋　今治店」として、２店舗体制で現在も運営されています。

第1章　JA おちいまばりの取組み

さいさいきて屋のあゆみ

平成 12 年 11 月 26 日	さいさいきて屋　1 号店オープン（出荷会員 90 名でスタート）
平成 14 年 4 月 27 日	さいさいきて屋　富田店オープン（売場面積　約 100 坪）
平成 14 年 4 月	出荷会員登録　500 名突破
平成 14 年 8 月 3 日	さいさいきて屋　今治店（1 号店）移設オープン Ａコープ愛彩（ＪＡ全農）のインショップ（売場面積　約 28 坪）
平成 15 年 12 月 1 日	さいさいきて屋　ネット店オープン
平成 18 年 6 月	出荷会員登録　1,000 名突破
平成 19 年 4 月 15 日	さいさいきて屋　富田店　閉店
平成 19 年 4 月 19 日	さいさいきて屋　（本店）　プレオープン
平成 19 年 4 月 25 日	さいさいきて屋　グランドオープン 出荷会員登録　1,332 名でスタート　（売場面積　約 562 坪）
平成 19 年 5 月 24 日	彩菜食堂　オープン
平成 21 年 4 月	農産物加工処理施設　完成
平成 24 年 3 月 10 日	第 41 回日本農業賞　第 8 回食の架け橋賞大賞　受賞
平成 24 年 4 月	乾燥パウダー製造施設 残留農薬分析施設　完成
平成 26 年 4 月	彩菜ネットスーパー　オープン　（買い物弱者対策・元気確認）

　地産地消の声とともに出荷者も徐々に増え、販売も順調に伸びてくる中で、出荷会員は平成14年度には500名を超え、平成17年度には700名を超えました。また、事業開始翌年度（平成13年度）の出荷会員の販売高は2億5百万円でしたが、平成17年度には5億1千万円となっていました。順調に経営が進む中、農家生産者からは出荷会員の登録をしたい、また出荷会員からは店舗を広げてほしい、などの要望が出され、プロジェクトで検討提案し、役員会や建設委員会で検討を重ね、平成19年4月に果樹実証園・栽培試験田・学童農園・貸農園を併設した現在の大型直売所「さいさいきて屋」、SAISAICAFF・彩菜食堂をオープンしました。

　直売事業のコンセプトは「生産と販売」「実証と技術指導」「生産者と消費者」「体験と購買」「加工と調理」を一堂に会した地産地消型地域農業振興拠点を整備し、地産地消の推進、地域農業の振興、農業の担い手の育成、消費者理解の促進、安全安心な食料の安定供給を実現するとともに、農家所得の向上を目的としており、一言でいえば「食と農のテーマパーク」を目指し、「食と農を基軸として地域に根ざした協同組合」

としての役割を発揮していくことです。

平成25年度の直売関係の売上高は21億5千万円余りでした。生鮮のうち、鮮魚だけがテナントで、今治管内14漁協の協力により愛媛漁連が販売しています。その他の牛肉・豚肉・鶏肉も地元産もしくは県内産です。お米は直売所内に精米プラントを設けています。また、会員の出荷した野菜や果物の安全安心を提供するため、ガラス張りの残留農薬分析室を直売所入口に設けています。

出荷会員は自分で出荷引き取りを行いますが、島しょ部や遠距離のため自分で出荷できない方のために集荷も行っています。島しょ部においては、しまなみ海道にある一番遠い大三島で職員を採用し、出勤時にトラックで3つの島の5か所の集荷場所を回って集め直売所へ陳列します。職員が帰る時には空ケースをそれぞれの場所に下して帰る仕組みを作っています。

彩菜食堂もカフェも、地元農畜産物だけを使い、地産地消を提案しています。言いかえれば、「さいさいきて屋」にあるものだけで調理し提供するということです。直売所の閉店後の出荷残品を値引きしないで購入し、翌日の食材として使うことで、農産物を無駄にせず、農家所得へも貢献できます。また、地元産の食材であり、農家のお母さんたちによるおふくろの味です。カフェでも旬のフルーツしか使わず、たとえばイチゴのシーズンには、イチゴマウンテン、イチゴのショートケーキ、イチゴのタルトなど、イチゴオンリーとなります。

売れ残った野菜や果物は、ジャムやペースト、パウダーなどにして、カフェのケーキやお菓子に使っていますし、たくさんの加工品を開発して販売しています。これは直売所の売れ残りをなくす取組みにもなっており、日本一売れ残りの少ない直売所を目指しています。

さいさいきて屋併設の農園は、JAおちいまばりの主品目である柑橘の新品種の技術向上や消費者に安全安心な取組みを紹介する場となっています。貸農園は初級・中級・上級があり、初級は農業への理解と土へ親しみ楽しむ段階、上級はハウス施設で就農支援をしています。

第1章　JAおちいまばりの取組み

　子どもの食育の取組みとして、愛媛県東予地方局・今治市と連携して、学童農園（彩菜キッズ倶楽部）を行っています。6月の開校式から3月の卒業式まで田植え・生き物調査・稲刈り・みかん採り・餅つき販売体験・ケーキ作りなど9講座を組んでいます。この食育には、新規採用職員も研修として参加し、子どもたちとともに食と農の大切さを学ぶ場となっています。

　学校給食への食材供給は44学校・20調理場・1万4千食余りを対象としています。直売所からの供給であり、旬の食材は大量にありますが、時期によっては給食に必要とされていたものがない場合がありました。学校側と話し合いを重ね、地産地消を進めて行くため、できる限り旬の食材を使っていただくことをお願いしました。また、農家に契約生産をお願いし、ジャガイモ・タマネギ・ニンジンなど、周年供給できるよう取組んでいます。また、幼稚園へも給食を提供しています。幼稚園では「時間がかかっても、園児たちでやることが大切」「配膳作業も一人ひとりが経験する」ことで嫌いなものも残さず食べるようにしています。

　直売所にはキッチンスタジオも併設しています。食によるコミュニケーションと遊び楽しみの場、地元農畜産物のおいしい食べ方の普及啓発の場、そして子どもたちの料理体験や女子大学などで活用する食育の場となっています。

　農・商・工・地域連携によるプライベートブランド（PB）の開発にも取組んでいます。さいさいきて屋の農産物を業者に仕入れていただき、開発したPBを納入してもらいますが、基本は農家出荷者であるため、農家出荷者が加工品を作って出荷するようになれば、業者の出荷はお断りする約束となっています。

　このように農家所得向上と農業振興のために多種多様な取組みを進めており、そのためスーパーとの違いを考えた販売戦略を行っています。まず、「チラシは入れない」「観光バスが毎日来てくれる店づくり」「試食イベントによる消費者ニーズの把握」「地元産にこだわった商品づくり」をし、地元業者と連携しながら、経済はなるべく小さい範囲で回すこと

33

を基本にしています。また、後述しますが、困っている人から優先にとして、買い物弱者対策にも取組んでいます。

さいさいきて屋・カフェ・彩菜食堂が連動し、農園やキッチンスタジオなどの施設を活用した一体的な取組みにより、地域農業が活性化し、地域がますます元気になるために、地産地消による地域農業振興の拠点づくりをこれからも進めていくこととしています。

(2)持続可能な農業のための総合的な営農支援強化の取組み

当JA管内の農業や農家を取り巻く環境は、農業従事者の高齢化や後継者不足、販売農家戸数の減少や耕作放棄地の増加など、課題が山積しています。基幹的農業従事者の平均年齢は、平成17年度は68歳であったが平成25年度は76歳となり、平成30年には81歳ぐらいになると予想されます。農業就業人口が10年間で27%減、総経営耕地面積も35%減と、耕作放棄地率も高い水準となっています。

管内農業就業人口・総経営耕地面積

年　　　度	販売農家戸数（人）	総経営耕地面積（ha）
平成 12 年度	5,438	4,959
平成 17 年度	4,279	3,543
平成 22 年度	3,962	3,220
22 年度／12 年度	27%減	35%減

そのため、特に、耕作放棄地対策や新規就農者の育成とともに、地域農業生産基盤の維持と総合的な営農支援を行い、一日でも長く農業をしていただくために、JA出資型法人である「農業生産法人株式会社ファーム咲創」を設立しました。また、主品目である柑橘栽培農家を中心に農作業の支援を行う「営農支援グループ心耕隊」を営農経済事業本部に設置し、この活動により農家生産者が自らの営農と暮らしを向上させ、地域の農業と農地を守り継承できるよう取組んでいます。

「農業生産法人株式会社ファーム咲創」は、平成24年7月に設立し、社員は19名で、人材育成事業・労働力支援事業・農業経営事業を行っています。人材育成事業は、長期間当JA管内に定着してもらえる新規就

農者の育成を進め、平成25年度には1名が就農しています。研修品目は、キュウリ、サトイモを中心に水稲、ムギです。労働力支援事業は、農業者の多様なニーズに対して、農作業を受託して支援しています。農業経営事業は、農地利用集積円滑化事業で委託された農地などで、水稲、ハダカムギを主に、キュウリ、アスパラガス、サトイモなどを栽培しています。平成26年度からは水稲育苗・野菜育苗にも取組み、経営基盤の強化を図っています。

「営農支援グループ心耕隊」は、JA職員で構成され、柑橘農家の支援を行っています。主品目である柑橘の生産者は平成17年度には3,125名でしたが、平成25年度には17年比40％減、平成30年には68％減ると予想され、柑橘農家の役に立つことを一番に考え結成しました。「心耕隊」の利用は、各地区の営農生活センター（JAグリーン）とTAC営農指導員が連携して、柑橘農家からの依頼内容と作業日程などを調整しています。作業の実績で特に多いのは、収穫や剪定関連の作業で、摘果やマルチ被覆の他、イノシシ対策の防護柵・電気柵の設置、簡易ハウスの設置を行っています。作業終了後には、柑橘農家から「ありがとう」とお礼をいわれ、柑橘農家に直接役立つことで「心耕隊」職員の多くは仕事にやりがいを見いだしており、柑橘農家に貢献できる組織ができたと思っています。

(3)農業サポーターの拡充と農業メインバンク機能の発揮

直接的な農家生産者支援による地域農業振興の取組みとして「さいさいきて屋」「農業生産法人株式会社ファーム咲創」「営農支援グループ心耕隊」を紹介してきましたが、販売力強化や経営支援も行っています。

特に、部門を超えた活動として、平成24年度から女子職員による販売力強化に取組んでいます。営農販売部門にかかわらず元気な女子職員で「ＴＥＡＭ農強元気人」を結成し、当JA管内の農畜産物を全国に向けてアピールしています。JA直売所でのイベントや関東関西の主力販売店での販促活動などにより、農業生産の増大・農業者の所得向上、さらには地域の活性化にも貢献できると思っています。

また、農家生産者の経営支援も JA として重要な役割です。金融事業では、『地域農業の振興』に継続的に寄与することが最大の目的であることを再認識し、地元農畜産物の消費拡大につながる商品開発、キャンペーン企画を行うなど、農業サポーターの拡充を図っています。加えて、融資担当者がＴＡＣ営農指導員と連携し、農家生産者宅へ同行訪問することにより、ニーズの把握と対応力の強化に努め、農業メインバンク機能を発揮しています。

5．暮らしの貢献活動による地域の活性化

(1)高齢者福祉事業と訪問歯科診療による組合員の暮らしを支える活動

　当 JA 管内は全国的にも高齢化率が高く、高齢者への総合的な支援の取組みが地域から求められる中、平成11年３月に女性部の活動として助け合い組織「太陽の会」が結成されました。JA としても、当時、総合対策室に生活福祉課を設置し、「中期高齢者福祉計画」を策定、「地域に開かれた」「地域に貢献する」JA として、長年にわたり農業・地域を支えてこられた方々への恩返しの事業と位置づけ、ホームヘルパーの養成にも取組み、平成12年４月に訪問介護事業をスタートさせました。

　その後、デイサービスセンター"元気"を平成14年11月にオープン、現在４か所のデイサービスセンターで通所介護事業などに取組んでいます。その間、JA らしい高齢者福祉事業や助け合い活動の展開を通じて、組合員の豊かな生活を目指す取組みの理解促進のため、平成17年に「生き活き元気塾」を開講しました。

　高齢者福祉を学習する中で、いつまでも元気で長生きし、亡くなるまで自分の口で食べることで生活の質を落とさない取組みとして、隣接地に平成18年１月歯科診療所をオープンし、訪問歯科診療を開始し口腔ケアに取組んでいます。開所当初は JA 管内陸地部を中心に事業を行ってきましたが、管内全域をカバーするため平成25年８月、伯方島のデイサ

ービスセンター横に伯方歯科診療所をオープンしました。現在利用者は、2か所で月に450名余り、実際に「亡くなる前日まで食事ができて良かった」というご遺族の声も届いています。

(2)買い物弱者支援と見守りネットワークによる高齢者の元気確認活動

　高齢化と過疎化が進む瀬戸内海の島々には、買い物弱者と呼ばれる高齢者が多数います。その離島における買い物弱者を支え、高齢者の一人暮らしを見守りたいとの思いで、「さいさいきて屋」を起点としたネットスーパーを平成26年4月に立ち上げました。日々新鮮な食料品や日用品をお届けする方法はないか、また年々増える一人暮らしの高齢者を見守る仕組みは作れないかと考え、タブレット端末を使うことにしました。

　ネットスーパーでは、約1,000品目の中から注文を受付け、翌日の夕方までに自宅へ届けます。また、タブレット端末を介したシステムで花を咲かせる絵を触ることで、毎日の元気確認ができます。確認ができない場合などは、配達員が電話や直接訪問しますが、行政との連携を強化するために、今治市と「見守りネットワークに関する協定書」を締結し、一人暮らしの高齢者をしっかりと見守っています。

(3)次世代対策による新しい仲間づくりと地域との繋がり強化

　「新しい仲間と一緒に、女子力UP！」と、いつまでも輝くココロとカラダをめざす、女性のための大学を通じて、次世代対策と地域との繋がり強化に取組んでいます。JAおちいまばり女子大学「おちいま～じゅ」を平成24年度に開校しました。3期で80名近くが受講しています。講座内容は女子職員でプロジェクトを組み、すべて女性目線で企画しておりたいへん好評です。年間11回の講座で、料理講座あり、冠婚葬祭のマナー講座や野菜栽培講座などもあり、いろいろな活動を通じてJAへの理解が深まっています。講座では、毎回JAの各事業担当者が事業説明をする時間を設けていますし、アンケートにより意向を確認しながら進め、生き生きとした活動となっています。

6. まとめ

　今まで述べてきました「JA おちいまばりの取組み」は、事業活動や職員教育を通じて、「JA として組合員のために何ができるのか」「地域に根ざす協同組合として地域に何ができるのか」と役職員がつねに問い続けている結果、具体的な取組みとして成果を上げているものだと思っていますが、協同活動や協同運動に終わりはなく、取組みは継続していかなければなりません。

　昨年度は、農協改革が叫ばれていましたので、当 JA は組合員アンケートや組織代表者などとの意見交換会を実施し、延べ300人を超える方から意見をいただきました。組合員・利用者のみなさんからは、今後とも農家所得の向上実現に向けた取組みを期待するという言葉が多く寄せられました。その貴重なご意見を今後の事業運営に反映させるため、平成27年度事業計画の重点項目として、「自己改革に向けた取組み」を策定し、具体的な数値目標の着実な実現を目指してまいります。

　その自己改革の取組みとともに、組合員の負託に応えるため、今年度は２つの新たな事業に取組みます。

　まず、直売事業と金融事業の融合として、今までにない機能を付加した複合施設を起点に事業を展開し、安定した金融サービスの提供、地域農業の活性化、買い物弱者対策などを通じて地域社会に貢献し、農家組合員をはじめ地域住民の憩いの場として、JA おちいまばり版インストアブランチのモデル店舗を平成28年３月目途に整備する予定です。

　次に、今後一層の増加が予想される高齢者に対し、利用者の生活環境やニーズに合わせ「通い」「訪問」「泊まり」のサービスを柔軟に組み合わせて提供できる事業として、「小規模多機能型居宅介護事業」に取組み、下期を目途に施設整備を行います。これにともない、地域の高齢者が重度な要介護状態となっても、住み慣れた地域で安心して暮らせる地域社会づくりに貢献したいと考えています。

第1章　JA おちいまばりの取組み

　これらは今年度の取組みの一例ですが、地域協同組合としての役割発揮は、これからも歩みを止めることなく、組合員とともに進めなくてはなりません。幸いにも、当JAは経営理念と人事理念が確立され、「食と農を通じた豊かな地域づくり」を核として、組合員・地域住民から信頼される人材が育つ中で、組合員・地域住民から必要とされている組織であります。この信頼に応え続けていくためにも、役職員一同「あったか〜い、心のおつきあい。」を目指して、今後とも邁進してまいります。

　最後に、「一歩先を行くJAの戦略」と題して、JAおちいまばりの取組みを紹介する機会を与えていただいた、関係各位に衷心より御礼申し上げますとともに、多少なりとも何らかのお役にたつことができれば幸いです。（2015年5月号掲載）

第2章

地域のど真ん中にあるJAを目指す JA新ふくしまの取組み

菅野 孝志
福島県・JA新ふくしま　代表理事組合長

1. はじめに

　協同組合が、今ほどその価値観と可能性を期待されている時はない。

　2012年、国連は「協同組合はよりよい社会を築きます」をテーマに「国際協同組合年」を提起した。そして、昨年は「国際家族農業年」、本年は「国際土壌年」である。これら一連の提起は、環境や自然・食料・雇用・貧困からの解放など経済（儲け）最優先の新自由主義とは一線を画する「人間尊厳の夜明け」を目指していると思える。しかし、日本の世論においてこの想いに呼応した動きがあったとはいえない。

　福島県では4月から6月までの3カ月間、JRグループと自治体、地元観光団体等により企画運営されている「ディスティネーションキャンペーンふくしま」（DCふくしま）を開催中である。期間中、全国の駅に「DCふくしま」の幟や観光企画のポスターが掲示されている。

　一方、毎年2月には受験シーズンに合わせて、福島駅とのコラボレーションにより「福島大学試験前＝サクラ咲く＝合格」の願いを込め、管内の桜だけでなくその他の花木もあわせて贈呈し、駅構内の装飾に利用

エベレストベースキャンプ『吾妻の輝き』の幟

してもらっている。その繋がりは次々と拡大し、昨年の「プレDCふくしま」では、福島出身の芸人なすびさんがはじめた震災復興活動「エベレスト登頂チャレンジ」（通称エベチャレ）の2回目の挑戦に、『吾妻の輝き』と命名した特別栽培米1石（150キロ）を支援米として贈った。結果は、残念ながら、山岳事故により多くのシェルパが亡くなり、登頂挑戦を断念することになった。

今年は、福島駅とのコラボレーションに一工夫して、花木の贈呈プラス福島市内の稲荷神社でご祈祷した『吾妻の輝き』の「合格米」と「佐倉→君津→神田（＝サクラ君掴んだ）」と書かれた「合格きっぷ」を来駅者に配布するというものに進化した。さらに、花・食・自然や果実のある「DCふくしま」として、本番直前の3月21日には、先陣を切って、福島県花き振興協議会と連携して大型花木の展示・贈呈を提案、4月6日には、なすびさんの「エベチャレ」3年目の登頂応援を世界最高の食味と米価への期待を込め、古関裕而氏の「栄冠は君に輝く」の福島駅発着音とともに壮行した。

「DCふくしま」等への参画と農業、JAの事業との関係性を見出すのは容易ではないかもしれない。しかし「ふくしま＝花も実もあるふくし

第2章　地域のど真ん中にあるJAを目指すJA新ふくしまの取組み

ま＝花見山＝花木の山＝農業生産」と考えると、観光のベースに「農業＝環境・自然・景観・癒し」などとの美しい融合が成り立つのではないかと思う。

　一連の取組みで、人々の暮らしの営みを通して、文化、伝統、歴史や史跡などが形成されてきたのだと気づかされた。いわゆる足下にあるものの再発見である。それらを資源化するために、各々が自然体で連携し「あ～だ、こ～だ」と語らいながら事業化して行くことができるのではないかと思う。そして、その分野をもっとも得意としているのが、実は、「人と人をつなぐ協同組合としてのJA」ではないかと思う。そんな原点を今こそ再確認する必要がある。

⟲ 2.　目指したもの

　福島県農業短期大学校「協同組合科」に入学した1970年は、減反政策等農業の大転換期に足を踏み入れた時だった。その後、地元の農協や県内外優良農協での実習、農村調査や特別講座などは、我が人生や農協での取組む姿勢に多大な影響を受けた。

　大阪万博研修と神戸住吉の「灘神戸生協」や穀内定彌氏が組合長（当時）を務める「北阿万農協」を訪れ、生協発祥の地で賀川豊彦の肖像画を目にした時は感無量であった。穀内氏の「ゆりかごから墓場までが農協の使命だ」との言葉に大いなる感銘を受け、農協は何でもできると感じた。また、県外研修では、水田農業の組織化や大型化への先進農協として静岡県の大城農協に1か月余学んだ。特別講座では、静岡県三ヶ日農協中川晋参事の講座に大いなる感動を受けた。

　これらの体験は、「すべては、やるか形にするか、が、問われているのだ」と私を揺り動かした。私は、「地理的、地域、経済、伝統、文化、教育」の真ん中に存在する高い理想に満ちた農協への回帰を願っていた。延長線上に「地域のど真ん中にあるJA」を夢想したのである。前述の通り、足下の資源への「気づき」があるか否かではないか。「気づき」

43

を事業化するためには、企画立案と実践力が併行して求められる。いいかえれば、「創造力＝気づき」と「多方面からの施策や声を受け止める力＝企画立案」プラス「コーディネートやプロデュース、オルガナイザー＝実践力」である。

3．TPPと東日本大震災・原発事故の中で

　2010年唐突にTPP交渉参加が表面化し、同時にJAグループは、TPP交渉参加反対1千万人署名運動を展開することとした。当JAは、2万5千名署名運動と11月20日600名余の組合員関係者での単独「TPP交渉参加反対集会とデモ」を展開した。すべての団体に、TPPの問題点として日本古来の伝統文化や自然、環境、食、医療など暮しが一変することへの警鐘を鳴らし、参加反対への理解や署名等を求めるなど昼夜を問わず出かけて運動を展開した。そんな矢先の2011年3月11日、東日本大震災と福島第1原子力発電所の爆発事故という未曾有の災禍に見舞われた。しかし、大震災、原発事故への対応と同時に続けられたTPP反対署名は目標を大きく上回る3万5千余名の方々から頂くことができた。

　「ピンチはチャンス」これも多くの機会に聞く言葉である。それを地で行くことは並大抵のものではない。慣れない街頭署名もやった。ある職員は街頭活動の後、「街頭署名活動をやってみて、今まで、街頭署名にはまったく興味もなく一度も署名をしたことがなかったが、凍てつく

TPP反対集会に集う組合員・市民

第2章　地域のど真ん中にあるJAを目指すJA新ふくしまの取組み

中の活動で署名を頂くことのありがたさとその方の想いと相手の立場に立つことのむずかしさとを感じました」と話した。その言葉に職員の成長と感性ある豊かな人間性が育まれていることに嬉しさを感じた。

　それらは、「暮しと命を守ること」として2013年6月22日1,800名余の組合員、生活者、労働組合、医療関係者、市民等によるTPP交渉参加断固反対集会とデモや翌年5月31日1,300名余による集会、デモへと繋がるのである。

　2011年3月11日午後3時20分前後に大地震に係る災害対策本部を立ち上げた。翌12日8時には、「今できることを何でもやらねばならない」と心を奮い立たせ、電源のない事務所の前庭に臨時対策本部を設けた。13日、朝一番に福島県北農林事務所より避難者へ2千食（おにぎり4千個）の炊き出し要請を受けた。即、炊飯用の水、精米、LPガス、ガス炊飯器、炊飯等調理施設、塩（ごま）、ラップ、輸送用発泡スチロール箱等を準備し、要員（女性部員・婦人会員や職員）の手配等が2時間程で完了していた。この時は、役職員や女性部員の生活の中にある危機管理能力の高さに只々感心せざるを得なかった。

　3月24日、果樹王国福島の農家は、ある時は気丈に、ある時は涙を溜め、桃の摘蕾作業のど真ん中にあった。そんな忙しい最中、吾妻組合長（当時）に全世界に発信されるラジオ福島の放送に出演いただいた。真意は、「生産する」ことの選択である。「作くっぺ。次の世代にも福島の農業、農産物を繋いで行くべ。みんなが頑張ってできた農産物は、何とかすっから」の声に多くの賛同をいただいた。この判断に誤りはなかったと今でも思う。

　一方で、肝心の行政側（国県市町村）には所管する地域の被害やそれに対する施策など何もなく、組合員や農業生産者に伝える何物もなかった。そんな状況の中で、原発事故に絡む対策、農業者の健康管理、生産方針の如何、農産物検査体制、生産資材の手当てなどのガバナンスの中核にJAがあったといっても過言ではないだろう。

　待ちきれず4月4日、国県市町関係団体等福島原発事故対策連絡協議

会を設立、翌日にはJA新ふくしま管内農業生産者集会を呼びかけた。原発事故と放射能汚染への対策など未曾有の不安と闘いの中にあっても、3,000名を超える農業生産者が集まった。

これらの経験から「試練を乗り越えられない者に神は試練を与えたりはしない」ということを学び、「ピンチをチャンスにできるのはJAのほかに非ず」と断言できるほど自信を深めた。と同時に、全組合員の幸せづくりに寄り添い前進して行くために「良いと思ったことやってみようよ。たいへんな時こそお互い様。手を繋ごう。自立できるまで寄り添い合おうよ。」という思いを強くした。

4．大転換期における新たな協同の創造と次代につなぐ協同

2009年10月の第25回JA全国大会において、次期3か年計画を「大転換期における新たな協同の創造」と確認した。全国のJAが中長期的に農業協同組合の運動と実践に対し多くの仲間サポーターをベースに事業展開しようとする姿勢と方向感に感動した。実践の2010・11年は、先に指摘したように、突如として降って湧いたようにTPP交渉への参加意向を時の首相が表明したことに対し、間髪入れずに1千万人参加反対署名運動が展開され、目標を大きく上回る成果を上げ、首相や当該担当大臣、官邸に届けられた。ある意味で「新たな協同の創造…」は、全国のJA組合員数を300万余上回る署名を集めたことにより、運動の輪は多くの人々を捲き込み拡大したものと判断されたのかもしれない。

一方、東日本大震災原発事故を契機に、JAの取組みは、マスコミや政府筋から蚊帳の外に追いやられるような状況にあった。しかし、日本国民だけでなく世界中の人々は、JAの被災地域における対応力、全国連の連携、指導力に賛意を贈ることを惜しまなかった。それを良しとしたのかは不明だが、十分な総括なしに「新たな協同の創造…」は「次代につなぐ協同…」と変わった。

農協法改正審議を迎えた今日、思い起こせば2014年5月の規制改革会

議における言われなき農協批判の時、多くの国民は、政府やマスコミの報道に懐疑的な方々が非常に多かったと思う。しかし声や行動として、大きな輪や運動に発展するまでにはいたらなかった。JAグループは、「動かなかった」といわざるを得ない。

　何故か？そこにJAの自己改革の真髄、いわゆる実践力が問われているのではないだろうか？「農亡き日本に、成長と未来はない」ということを、自己改革実践を通じ、声高らかに伝えねばならないのではないだろうか。我々は、3か年計画に4つの戦略（やるべきこと）を掲げた。

　　(1)地域農業振興戦略

　　(2)教育文化活動と地域貢献戦略

　　(3)経営基盤強化戦略

　　(4)人づくりと事故0戦略

　これら各項の実践は、きめ細やかな企画と人が集まり、より良い活動と社会、そしてともに生き甲斐づくりが追求できるように、JAが寄り添えればいいとの想いに立っている。

5．4つの戦略を捉えて

　4つの戦略として、多種多様な具体的な活動と事業が展開されているが、代表的な事項に絞り込み現状と課題と展望を報告したい。

(1)地域農業振興戦略

—株式会社新ふくしまファームの設立と担い手給付金制度の確立

　2008年、福島駅から西方8km吾妻山のふもとに拡がる23.4haの林野庁の苗畑が売りに出された。すでに林野庁では杉苗等生産を停止して6年程度経過し、熊や鳥獣の棲家となっており、周辺の農家の方々は「鳥獣対策をしてほしい」「産業廃棄物処理業者などに売り渡されないようにしてほしい」と福島県や福島市にお願いしてきたが埒があかず、「JAで何とかしてくれ」と要請を受けた。

　「これは面白い展開図を描けるかもしれない」と考え、中央会の指導

も受け、プロジェクトチームを立ち上げた。我々は、生産販売とそれに関わる信用共済経済利用等の事業を通じ、営農と暮らしをともに育むべき農家組合員の同胞である。故に、「何とかしましょう」との判断が出るものと考えていたが「やるべきではない」が一次の結論であった。「君らは、何を考えているのか。組合員目線とか組合員のためとか言葉だけのJA新ふくしまは必要ありません。組合員は、農業で暮しを立てている。どんなことがあっても農業生産法人を設立し農業経営できるように整理してほしい」とトップの声が発せられた。

　林地を生産可能な農地にすることへ費やさなければならない期間、扇状地であるがための石の存在、体験農場、市民・企業の農業体験、職員教育、遊休農地の解消と受託組織としての機能保持、高齢者労力の活用、加工や体験を通じた観光拠点化、担い手育成や暖簾分け等などの想いをどう描き実現して行くか方向付けした。

　とはいうものの、収支計画で単年度5年間赤字経営を解消する計画は立てられなかった。6年以降の決意を込めた計画とならざるを得なかった。これらの計画の下、経営管理委員会が開催され、2009年8月出席委員21対20で土地の取得と農業生産法人設立を決したのである。以後、行政、関係団体、旅行エージェント、報道機関等、多くの方々から意見をいただき、2010年7月1日株式会社新ふくしまファームを設立した。

　夢と現実の交差する中で、東日本大震災と原発事故は放射能による土壌汚染を撒き散らし、抱いた多くの夢を打ち砕いた。2年間は計画通りの赤字。しかし、2012年度から果樹剪定枝の処理事業を一手に引き受け、農場内でチップ化し福島市の高度放射能処理焼却炉に搬入するという業務請負により赤字の解消を成し遂げた。

　2014年には、福島県相双地区の酪農家を中心とする株式会社フェリスラテによる搾乳牛の基地として6ヘクタール余りを提供した。これにより再生可能エネルギーの可能性や大動物とのふれあい農場、さらにバター・チーズ加工体験や本格製造への可能性も広がった。

　また本年は、過去5か年に遡り新規に就農した青壮年に対し「担い手

第2章　地域のど真ん中にあるJAを目指すJA新ふくしまの取組み

㈱新ふくしまファームに働く女性

給付金」を創設した。給付金は、研修や新規の作物導入の初期投資費用の一部に充当可能で、地域農業の活力を創生して行く起爆剤になればと判断していただいた。

(2)教育文化活動と地域貢献戦略
―学校教育支援事業と教育文化活動研究会の設置

　2002年「総合的な学習の時間」の導入にともない、それまでの食農教育等、地域や学校との関係性を全面的に見直すこととした。生活指導担当職員からは、「職員の移動やJA・地域の状況変化があっても食農教育は持続性・継続性が確保されるべきである。故に、総務部もしくは総合企画部門で体系化することがJAとしての責務である」との提案があった。

　「学校教育支援事業」は、企画段階において、福島市教育委員会と連携し、関係する学校の先生方とも協議を重ね、子供達と農業者のふれあいをサポートし、「食と命」「生きる力」「元気な農業」「地域との共生」を形成するものとした。具体的には、「農業体験コース」は、基本的に種蒔きから通常の管理収穫と食することまで、「食体験コース」は、地元で栽培・収穫された農産物を加工し、食することで農産物の一生を学ぶ、「花育コース」は、地元で育てられた花木や草花を使い生け花と季

学校教育支援事業花育コース

節伝統行事を学ぶ。ほかに「認知症サポーターコース」など、12年間で延べ2万人以上の子供達が参加し、脳裏の片隅に「日本農業を守り支えることの大切さ」を記憶しているものと確信している。

　2008年4月には、当JAとしての「教育文化活動研究会」が発足した。発足の契機は、小職が家の光やJA全中等関係機関より要請を受け講演に伺うと《〇〇教育活動研究会》とか《〇〇教育文化セミナー》という表題が付き、役職員女性部等多くの方々が多種多様な話を聞き、活動の活性化に取り組んでいることに感服したことにある。早速、我がJAでもやらなければならないと思い、常勤、部長、本部長、生活指導員からの意見をもとに協議を重ねた。

　協議を重ねるうちに、一人ひとりの思いが見えてきたのだが、ふだんの姿からは想像できないような意見が出された。意外性の発見である。その時、私たち「地域のど真ん中にあるJA」は、「みんなが主役」を目指して行こうと結論づけた。全役職員対象の「教育文化活動研修会」は、多様な先生方を招聘し学ぶ場から、今では自主的な学習として常勤役員を中心に講師陣を構成する「協同組合アカデミー」へと発展しつつある。さらに日常の業務のすべてが教育文化活動であることを教育文化活動体

第2章　地域のど真ん中にあるJAを目指すJA新ふくしまの取組み

系図として表示し、日々これを確認、継続している。ここに求めることは、「楽しくなければ仕事でない」であり、職員自らも楽しく関わることで、組合員も利用者も地域の方々も楽しく協同活動に参加参画するようになると考えている。

(3)経営基盤強化戦略
―直売所「ここら」会員と経営成果は良い活動の結果である

　農産物直売所は、2000年6月28日一号店が設置され、順次、遊休的施設の活用や新規出店を重ねてきた。農産物直売所の出店や運営の基本に環境（フードマイレージ）と雇用（ワークシェアリング）を掲げた。出店と地産地消の充実により震災前（2010年）、全7店の売上高は、15億2千万円まで伸ばすことができた。この間、2009年に農産物直売所を「ここら○○店」と命名し、利用者個人と地域への還元のためにポイントカードを導入した。管内福島市と川俣町は世帯数12万戸余であることから6万人の会員を目指して加入促進を進めてきた。会員数で世帯の2分の1を制することへの想いは、絶対的な認知と支持とシェアの確保により地産地消を確実なものにすることへの挑戦と位置づけた。2015年1月実を結び、6万余名の会員となることができた。（今後はさらに12万人への挑戦を進めて行きたい。）

　環境保全への取組みは、2010年より管内の小学3年生の教室に「ちゃぐりん」の贈呈をさせていただいている。2014年には、「わたしたちの

清流くるみの会保全活動の皆さん

足下には、素晴らしい環境を育む自然があり、その自然は多くの人々により、大袈裟でもなく何気なく守られている。その何気ない営みに息づかいを感じ、寄り添えることへの感謝に満ちたJAでありたい」との思いから、環境保全活動にかかわる地域の団体への支援制度「環境保全活動顕彰」を創設した。

　これらの活動の源泉は、日頃役職員に伝えていることでもあるが「経営成果は、組合員利用者地域活動がどれだけ支持され参加参画を成し得たかの結果でしかない」ということだ。もし、活動の成果が上がらないとすれば、目的、方向性、具体的な手法や相手の立場に立った寄り添い方ではないといわざるを得ない。成果を可能にするためには、日常の組織事業活動の中でPDCAを全役職員で行うことではないかと思う。

(4)人づくりと事故O戦略

—事故Oとは、協同組合教育

　不祥事の撲滅を「事故O」としている。日々1,000名を超える役職員や社員が仕事をしていることを考えれば、何か起きることが普通かもしれない。しかし、事業活動を営む際に発生する苦情や事務ミス、事故など、互いに注意、確認し合い、検証し、励まし合う風通しの良い職場であれば未然に防げるものである。

　役職員の行動規範は、協同組合の基本的価値「正直」「誠実」「他人への配慮」をいかにわかりやすく具体化するかだと考えている。それには、協同組合運動のもとに協同組合人を育むための「協同組合基本法」の制定と「協同組合」の持つ「より良い社会を築きます」という「人間尊厳」を学習する場を作るべきなのだ。

　農協界は、1967年、協同組合教育のあり方の検討に入った。私の認識不足と言葉が過ぎるといわれるかもしれないが、1969年中央協同組合学園の開設と引き換えに1926年設立の産業組合中央会付属産業組合学校を前身に持つ協同組合短期大学は廃校の道を辿ることとなった。時の判断のいかに触れるつもりはないが、農協の組織事業と経営の盛衰に左右された「協同組合教育」ではなかったろうか。

第2章　地域のど真ん中にあるJAを目指すJA新ふくしまの取組み

　今、全国連合組織が単独での教育訓練を指向し、各県連にも農協学園と称するものはわずかである。農協法の改正やいわれなき農協批判に抗するために協同組合の基本的価値「正直」「誠実」「他人への配慮」を腹に据えた「協同組合人」を育てることこそ喫緊の求められる施策である。

6. まとめ

　JA新ふくしま組織事業運営の基本姿勢に「組合員」「利用者」「地域の方」を中心に置き、こんな故郷にしたいという「想い＝愛着」の上に「本気と気力と助け合い」を求めている。

　①　いい事は、何でもやろうよ。

　②　成功も失敗もある。失敗は、次の成功につながる。

　③　チャンスの後のピンチ。ピンチの後のチャンス。

　④　やるからには、油断せず周到な計画のもと成功を導き出す。成功は、さらに大きなものを導く。

　⑤　遊びの心を持った気づき、本気、気力、助け合い。

　これらを総称し「本気力」としている。協同組合は、人の組織。資本の組織ではない。（2015年6月号掲載）

革新を生み出す人材育成

第3章

活力ある職場づくりと人材育成

—JA あいち知多の取組み—

松田 定三
まつ だ さだ み

愛知県・JA あいち知多　人事部 CS 推進課課長

1．JA あいち知多の概況

　名古屋市の南部から南に突き出た知多半島は、伊勢湾と三河湾に囲まれ、5市5町からなり、人口は62万6千人で自然的・経済的には比較的にまとまりがあります。

　北中部に名古屋南部および衣浦西部の両臨海工業地帯があり、愛知県の工業生産に高いウエートを占め、今後も基幹産業地帯としての発展が期待されています。南部は農漁業を中心とした産業と自然環境が保全された観光資源に優れています。特に海岸部は三河湾国定公園の一画として、名古屋都市圏の極めて利便性の高いリゾート・レクリェーション地域となっています。

　地域の農業は、米、野菜、花き、果樹、畜産（とりわけ酪農）などで高い生産性をあげています。また水産業も盛んで、漁業生産量は県内の約半分を占めています。

　2005年2月に開港した「中部国際空港（セントレア）」は、24時間本格的な運用が可能な日本を代表する国際空港で、国際物流、ビジネス物流

JAあいち知多の概況

組合員数	72,401 人	主要事業取扱高	
正	16,884 人	貯金残高	1 兆 553 億円
准	55,517 人	貸出金残高	1,893 億円
組織		取扱高長期共済保有高	2 兆 914 億円
女性部	7,083 人	販売品販売総取扱高	98 億円
青年部	214 人	購買品供給高	73 億円
年金友の会	44,161 人		
役員数			
理事	32 人		
内 常 勤 役 員	5 人		
監事	6 人		
内 常 勤 監 事	1 人		
職員数	1,381 人		
内 正 職 員	858 人	（平成 27 年 3 月 31 日現在）	

など国際交流の空の玄関にふさわしい役割を果たすとともに、年間
1,100万人もの人の流れを生み、この地域の経済や観光を活性化してい
ます。

◯ 2. 活力ある職場づくりについて

(1)アグリスウェイの策定

　JAあいち知多は、平成12年の発足以来、CIの確立、行動規範の設定、
中期経営計画の策定など、さまざまな形で方向性を示し組織のベクトル
を合わせ、基本理念の実現に向け事業と活動を進めてきました。また、
第3次中期経営計画（平成19年度〜21年度）の重点課題であるCS（組合員・
利用者満足）・ES（職員満足）向上活動では、さまざまなツール展開によ
り組織の風土改革・行動改革に取り組んできました。

　第4次中期経営計画（平成22年度〜24年度）では、第3次中期経営計
画で掲げたメインテーマ「原点回帰と新たな挑戦」とCS・ES向上を踏
襲し、心の原点であるJAあいち知多の基本理念を役職員があらためて
理解し、その実現に向けて自ら考え、行動することを目指しました。

　そこで、役職員からヒアリングを行い、課題を洗い出し、課題解決に

第3章　活力ある職場づくりと人材育成

あたり、役職員自らのあり方を"考える拠り所"として「アグリスウェイ」を策定し、職員が「アグリスウェイ」を日々の業務の中で「実践し続けるための仕掛け」としてCS・ES向上活動を位置づけ、職員自らが考え行動し、実践に結びつけることで基本理念の実現を目指しています。

　そして、アグリスのCSを「くらしの応援隊になる」、アグリスのESを「大家族になる」と定義づけしました。アグリスウェイの全職員への浸透方策として「アグリスウェイ説明会」の開催、「アグリスウェイブック」の配布、「アグリスウェイポケットカード」の配布、「アグリスウェイ確認テスト」の運用、「アグリスウェイポスター」の掲示、「アグリスウェイ活動」の実施、「アグリスウェイ活動発表会」を開催し、「アグリスウェイ」の浸透に向け愚直に継続しています。

　第5次中期経営計画（平成25年度〜27年度）では、第3次中期経営計画より最重点事項として継続的に取組んできたCS・ES向上活動の総仕上げ期間と位置づけ、「アグリスウェイ」の下、さらなるCS・ES向上活動の実践を現在進めています。

(2)CS・ES 向上活動のこれまでの経緯

① "できたらいいな" プロジェクト提案制度の運用（平成19年度〜継続実施中）

　職員一人ひとりが常に問題意識を持ち、考え、行動する姿勢を持つことで、職員の自主性・創造性・向上心の養成と意識改革・行動改革の促進を目指し、さらには職員の"できたらいいな"の想いを全職員が共有し、全員参加型で積極的にチャレンジする場として、"できたらいいな"プロジェクト提案制度を実施しています。

　一つめは「業務改善提案・新規アイデア提案」です。業務や事務処理方法の改善に繋がるもの、また広く業務全般に関する新しい考えや既存の事業・業務にとらわれない新しい発想・考えに基づくものを担当する室部長に提案、すべての提案内容、回答・講評結果はイントラネットで開示し、全職員に見える化をしています。

　二つめは「元気の源」です。日常業務における自部署、グループでの

59

成功事例・優良事例を提案していただき、取組みの他部署への展開・波及を目指し、入力には画像等のデータ添付もできるツールです。そして全職員で励ましの言葉、認め合う言葉のコメント入力ができ、コメント入力をしなくても、「いいね！」ボタンの入力により、「アグリスウェイ」の「行動原則」である職員同士がお互いに見守り、時に叱り、褒め合って成長しように繋がっています。

このツールもすべてイントラネットで開示し、全職員に見える化をしています。また、「業務改善提案・新規アイデア提案」、「元気の源」で優秀な提案、活動内容には褒賞制度により役職員集会で表彰しています。

②アグリス CAC(Communication and Create)の開催（平成19年度〜継続実施中）

常勤役員が現場に出向き、現場の雰囲気を感じ、真摯に職員の声を受け止め、部署長経由の縦系でない職員の意見を吸い上げています。そして常勤役員の熱い想いを聴ける場であり、「アグリスウェイ」の浸透と情報の共有化により、職員の士気の高揚を図り、モチベーション向上と役職員間のコミュニケーション向上を目的に開催しています。

アグリス CAC により現場の意見や問題点を常勤役員が把握することにより、スピーディーに対処、解決に繋がっています。

③ポジティブアクション推進担当(PA)、ポジティブアクションスタッフ(PAS)の設置（平成19年度〜継続実施中）

女性ならではの高い感性を活かした接遇レベル・店舗レベルの向上と活力ある職場づくりを推進するため、PA と PAS は一体となって職場風土改善等に取組んでいます。

主な活動では、PA および PAS からの提案により、現役キャビンアテンダントによるマナー研修、カラーセラピストによるカラーを意識した店舗づくり研修、メイクアップ講師による好印象を与えるビジネスメイク研修等、女性職員向けに体感型研修を開催し、一流に触れ、楽しみながら学ぶことで、おしゃれと身だしなみに対する意識改革を図りました。

第3章　活力ある職場づくりと人材育成

平成23年度からは毎年、PA・PAS活動発表会を開催することにより、PA活動が浸透し女性が働きやすい職場環境になっています。

④ CS宣言ポスターの掲示（平成19年度～継続実施中）

組合員、利用者に向けたCS活動の表明と職員のCS意識の高揚を目的として職員の意思統一を図っています。

CS宣言ポスターのモデルを接遇マナー講師である株式会社エレガント・マナースクールの平林都先生とPA・PASがモデルになり各部署にCS宣言ポスターの掲示をしました。現在は平林都先生と新入職員がモデルとなり、各部署にCS宣言ポスターの掲示をしています。

⑤母子生活支援施設でのボランティア活動（平成19年度～継続実施中）

家庭環境（DV等）により父親と生活ができず、経済的な事情などから母親が毎日働きに出ていて、家庭では十分な保育ができない子どもを保育する施設において、職員が父親・母親代わりとなり毎月1回（土・日曜日）、野球やサッカー、遊戯を楽しむ自主的なボランティア活動を行い、地域貢献活動への取組みの一環としています。

また、ボランティア活動を通じて人として成長し、人間力を高め、アグリスウェイの実践として、地域社会にとって「地域の見守り役、安心できる地域社会づくりをサポート」を実現しています。

⑥「感謝のポストカード」、「感謝のカード」の運用（平成20年度～継続実施中）

「感謝のポストカード」は、CSの観点から手書きのお礼状を送付することにより組合員・利用者との距離が縮まり、各事業のリピーター率向上に繋がると考え作製し使用しています。手間暇かけた手書きの「感謝のポストカード」をいただいた組合員・利用者からは、笑顔で来店され「ありがとう」の言葉をたくさんいただき、コミュニケーション向上にも繋がっています。

「感謝のカード」は、役職員がお互いに感謝し、褒め合い、励まし合う組織風土・文化を確立することにより、ES向上、また役職員が楽しく働ける、協力し合える職場環境にすることを目的に作製し使用してい

61

ます。

また、「感謝のカード」を39（サンキュー）枚受領した職員については、本人の申出により「感謝のバッジ」を贈呈し名札に着用し、100（アリガトー）枚受領した職員については、常勤役員から日頃の感謝の気持ちを伝える食事会へ招待し、意見交換会を開催し、ES向上に繋がっています。

「感謝のポストカード」「感謝のカード」のデザインは職員から毎年募集し、作製されたカードには職員の名前をカードデザイン名として記入することによりカードを集める楽しみにもなっています。

⑦ CS等モデル店舗による活動と発表会の実施（平成20年度〜平成23年度）

JAあいち知多全体として、ボトムアップ型の職場風土を確立し、各職員の自主・自立性の下、お互いに協力意識・競争意識を持ちながら成長し、CS・ES向上、コンプライアンス態勢の構築を行っていくためには、その先駆けとなる、他の模範となる店舗の設置が必要と考え、立候補部署によるCS等モデル店舗を設置しました。

1年間の活動内容について活動発表会を開催することにより、他部署、職員のCS・ES・CSR等の意識改革を図ってきました。平成20年度から平成22年度までの間、毎年、立候補制によりCS等モデル店舗を設置し、平成21年度には、渉外担当者（LA）の意識改革を図ることを目的にCSモデルLA（事業部単位）を設置し、LA活動におけるCS思想を念頭に置いた心ある対応、アフターフォロー（3Q訪問活動）等、親切、丁寧な業務推進を進めるためのCSモデルLAとして活動を行いました。

平成23年度は、活動の全部署展開を図り、アグリスウェイ活動として、全部署にて年間活動計画の策定、アグリスウェイ活動によりアグリスのCS「くらしの応援隊になる」、アグリスのES「大家族になる」を実践しました。

⑧ CS・ホスピタリティ研修の開催（平成20年度）

CS・ESの分野において、トップ企業である東京ディズニーランドへ職員150人が視察体験研修「ディズニー・ゲストサービス・フィロソフ

第3章　活力ある職場づくりと人材育成

ィー」に参加し、実際に目で見て体感することにより、職員のCS・ES意識向上を図りました。

　また、研修に参加していない職員に対しても役職員全体集会の場で、研修で学んだこと、気づいたこと、研修参加後の自らのCS向上活動について発表を行い、情報共有を図りました。

⑨平林都先生による接遇研修の開催（平成21年度〜継続実施中）

　職員の接遇およびその考え方を高めることで、お互いに刺激し合い、全体の接遇におけるレベルアップに繋げることを目的に、テレビ番組等で伝説の接遇講師として活躍する株式会社エレガント・マナースクールの平林都先生を講師に招き、全職員対象の接遇研修を実施しています。

　実演を交えながらの厳しい指導を体験し、接遇道の真髄を学ぶことで、更なるCS向上を目指しています。また、階層・役割別の集合研修の他、講師である平林都先生がJAあいち知多の事務服を着用し、各本支店にて実際に接遇応対等を行いながら、職員を指導する実地研修を実施し、研修効果の更なる向上を図っています。

⑩ドレスコードの運用（平成21年度〜継続実施中）

　平成19年度から本格的に取組みを開始しているCS向上活動の一環として、JAあいち知多ドレスコード（身だしなみのガイドライン）を職員からのボトムアップによって設定することとし、ドレスコード検討委員会を設置しました。CS向上には、職員の第一印象が大切な要素であることから、「好感度」「好印象」「清潔感」のあるJAあいち知多ドレスコードを設定し全職員に説明会を開催しました。

　項目は、髪、顔、手、目、被服、シャツ、ネクタイ、ベルト、靴下、靴、アクセサリー、時計等の多岐にわたり、一般基準と悪い例を明確に提示しています。

　たとえば髪の色は、男性職員は茶髪禁止、女性はヘアーカラー協会が定めるレベル6までの明るさ、お辞儀をして顔が隠れる長さの髪はシュシュで束ねるとしています。おしゃれと身だしなみの違いが職員に浸透し、CS向上と職員同士で注意し合える職場風土になっています。

63

⑪職員個人面談の実施（平成22年度～継続実施中）

　「アグリスウェイの浸透」「職場の問題点・改善点の把握」「働きがいのある職場づくり」を目的に、毎年実施しています。

　1対1の職員個人面談により、職員の本音、悩み、職場の問題点等を本部が把握することができ、課題を整理し、常勤役員の協力のもとハード、ソフト面の課題解決を行い活力ある職場づくりに繋がっています。

⑫ CS・ES 各種ツール活用状況の公開（平成24年度～継続実施中）

　CS・ES 各種ツール（「業務改善提案・新規アイデア提案」「元気の源」「感謝のカード」「感謝のポストカード」「メッセージ花カード」）の活用状況を、全部署および全職員の活用状況を毎月イントラで公開し、見える化を図っています。

　目的は、CS・ES 向上活動を「誰かがやってくれるであろう」という他人依存型ではなく、職員一人ひとりが当事者意識を持ち自立型人材になり、アグリスの CS「くらしの応援隊になる」、アグリスの ES「大家族になる」の実現を目指しています。

⑬「メッセージ花カード」の運用（平成25年度～継続実施中）

　組合員・利用者へ感謝の気持ちや連絡事項を窓口担当者等で伝えるコミュニケーションツールとして作製、利用しています。

　「メーセージ花カード」のデザインは職員から毎年募集し、作製されたカードには職員の名前をカードデザイン名として記入することによりカードを集める楽しみにもなっています。

⑭支店活動、アグリスウェイ、CS・ES、接遇の評価を目的に支店巡回の実施（平成25年度～継続実施中）

　全本支店を支店巡回し、活動の検証および評価を実施しています。評価項目は、支店活動では「職員全員に支店ビジョンが共有されているか」「組合員を巻き込んで計画を策定しているか」「組合員が活動に参加または参画しているか」など。

　アグリスウェイ、CS・ES では、「アグリスウェイを理解し、実践しているか」「提案制度を活用しているか」「感謝のカードを活用している

第3章　活力ある職場づくりと人材育成

か」など。

　接遇では、「笑顔であいさつできているか」「接遇基本用語で応対しているか」「JA あいち知多ドレスコードが守られているか」について、本部職員が本支店に出向き、本支店長および配下職員からのヒアリングと直接窓口等での接遇応対を検証し評価しています。

　評価内容は点数化し、その場で本支店長に評価の内容についてフィードバックを行い、すべての本支店の巡回終了後には点数化した項目を本支店職員全員にイントラネットで公開、見える化を図っています。そして評価点の高い本支店を選出し、支店活動発表会を開催することにより、他支店にとって支店活動のヒントになっています。また選出された本支店は褒賞制度により役職員集会で表彰しています。

3. 人材育成について

(1)キャリア開発制度 "できたらいいな" チャレンジガイド

　JA あいち知多は組合員・利用者の信頼と満足を得て発展していくために、JA の事業運営を担う職員全体の専門性の向上と、業務経験と管理能力を備えた適格な人材の登用を目指しています。これらを実現するため、体系化したものがキャリアパス（職群管理）です。キャリアパスとは、職員が JA あいち知多で働いていく過程で、どのような経験を積むと、将来どのような仕事をするようになるのかという順序を示した道筋のことです。キャリアパスは、「報酬」「評価」「育成」の各分野にて構成されており、その「育成」の分野を設計するものがキャリア開発制度です。

　キャリア開発制度は、職員の育成という組織ニーズと、仕事を通じて成長したいという職員ニーズを充足するものであり、「1.職員教育研修プログラム」「2.キャリア研修」「3.資格履歴データ管理」の3分野にて構成されています。

　「1.職員教育研修プログラム」には、等級に応じた必要な能力、知識、

65

資格等が明示されていて、自分の将来目標達成を見据えた目標設定の参考として活用します。「2.キャリア研修」では、27歳になった年度および5等級昇格年度にあたる職員の中長期的な成長目標を把握するため、キャリア設計シートの作成を行います。「将来自分はどうなりたいのか」「仕事を通じてどう成長したいのか」をしっかり考え、明確にする機会とします。「3.資格履歴データ管理」は、職員が取得した資格・検定について管理を行っています。

　また、"できたらいいな"チャレンジガイドを作成し、職員一人ひとりの将来目標の達成に向けて、職員が所属する職群に基づいてプログラムを設定することによって、効果的かつ効率的に専門能力の習得を図ることを目指しています。各職群別のプログラムは、各職群において職種別に職務を遂行する能力を習得するために必要とされる資格・検定および研修を体系的に示したプログラムです。資格・検定および研修は、それぞれ「要請項目」と「チャレンジ項目」および「選抜項目」に分類されています。

　そして、所属長とのコミュニケーション面談等およびキャリア研修を通じてキャリア設計する際の専門能力を身につけるための基準とし、"できたらいいな"チャレンジガイドに設定された資格・検定および研修の中から将来の取得・受講目標を設定し、計画的に取組むことによって効率的な能力開発を図っています。

(2)選抜職員（コア人材）育成研修「アグリス大学」

　平成22年度にアグリス大学を開校し、アグリスウェイの実践に向けて、まずは愚直にやりきり、他の職員の火付け役となるコア人材の育成を目的に、経営戦略、マネジメント、人間力向上を中心とした選抜研修を実施しています。

　平成22年度から平成24年度は、常勤役員講話、農業体験研修、介護施設体験研修、経営戦略論、母子生活支援施設体験研修、アカウンティング講座、マネジメント研修、先進企業（他JA・他企業）研究・視察、管理実務研修を実施しました。また、平成25年度からは外部のビジネスス

クールに参加し、他流試合、異業種交流を行っています。

(3)選抜職員（コア人材）育成研修「アグリス塾」

平成23年度にアグリス塾を開校し、管理職とともに、アグリスウェイの実践を積極的に推進する実務担当者の育成を目的に、資格中間指導職および一般職から選抜し次世代リーダー研修を実施しました。また、平成25年度からは中間指導職以下の職員の中から、立候補制により参加希望者の募集を行い、戦略型人材育成研修を実施しています。

また、営農アドバイザー等を対象として、ブランド戦略、農家が儲かる仕組みづくり、農家への経営指導ができる人材育成を目的に、営農アドバイザー等から選抜し経営戦略基礎研修を実施しました。

(4)マネジメント研修（階層別）

本支店長および支店長代理・係長を対象に、立候補制によりマネジメント能力向上の研修を実施しています。

本支店長研修では、これまでの個人面談等の本支店長の課題を洗出し、課題解決に向け、本支店長の役割として「店舗マネジメント」「人材育成・評価」「店舗内事務」「組合員・利用者対応」「事業推進」「リスク管理」の6項目に整理し、項目ごとの本支店長の「心得」、「支店長の仕事の進め方」について確認しました。また、資質としては管理能力だけではなく人間的な魅力が必要であることから、アグリスウェイの頭文字から「あわてない」「愚痴を言わない・言い訳をしない」「理解力がある」「素直である」「裏切らない」「笑顔が絶えない」「意欲的である」とし、グループディスカッションと講義形式で学びました。

また、上司および部下から本支店長の役割、資質について360度評価を行い客観的に自分を見つめ直し、「私の10箇条」を自ら考え、改善行動計画書を作成しました。そして、「私の10箇条」に対して毎月自ら評価し、改善課題、行動計画、改善状況を考え、PDCAのサイクルを回しマネジメント能力向上を図っています。支店長代理・係長についても同様の研修内容を実施しています。

(5)新入職員の人材育成

　JA あいち知多では新入職員を対象に３月中旬から４月１日入組まで
の約２週間、内定者研修を実施しています。研修のテーマを「感謝・感
激・感動」とした内定者研修です。研修内容は、社会人と学生の違い、
JA の事業概要、アグリスウェイ、CS・ES 向上活動、コンプライアン
ス研修、個人情報保護研修、認知症サポーター研修、人事管理制度研修、
社会人としてのマナー研修、平林都先生による接遇研修、職場実習、ヒ
ューマンスキル研修、人間力向上などのカリキュラムになります。

　同研修の最終日の31日には、事前に内定者のご両親に依頼して本人に
内緒で書いてもらった「親からの手紙」をサプライズで内定者全員に手
渡します。手紙の内容は、産まれてくれたことについての感謝、小学生
の時のエピソード、中学生の時の反抗期で喧嘩したこと、部活で努力し
たことなど、嬉しかったこと、辛かったことが書いてあります。突然の
手紙に内定者らは驚くとともに、受け取った手紙で初めて知る親の想い
に感動して内定者は涙を流します。

　この「親からの手紙」は、自分の家族に感謝する心を育むことで、人
間力を高め、それによって組合員・利用者・地域の方々への CS 向上に
繋げていこうと毎年実施しています。

　そして、４月１日入組式終了後、最後のサプライズとして新入職員に
10月に開催する内定者交流会から３月末までの内定者研修の写真をスラ
イドショーとして編集した DVD を新入職員全員で鑑賞し、一人ひとり
に DVD をプレゼントしています。新入職員は、感謝の言葉を同期の仲
間に伝え、涙を流しながら配属先に出発していきます。

　入組後は、新入職員に対する OJT（職場内教育）支援対策として、新
入職員教育指導係制度を導入し、新入職員が働きやすい職場環境づくり
を支援しています。OJT のポイントは、新入職員が「自立的」に成長し、
新入職員教育指導係も「教え」「聴き」「共感」することで、共に成長し
ていく「共育」の風土づくりがポイントになります。

　部署内の連携強化および職場のコミュニケーションの活性化を目的と

第3章　活力ある職場づくりと人材育成

した支援ツールである「新入職員OJT交換ノート」により、毎月、新入職員と教育指導係が一緒に考えた目標を設定し、教育指導係のアドバイス、所属長からのアドバイスを通してPDCAのサイクルを1年間回し、新入職員の育成を行っています。

4. まとめ

　これまでJAあいち知多は、求められる職員像である「知多半島の農業の発展に寄与する心を持てる人」「JAあいち知多に愛着をもって勤めている人」「社会人として礼節・倫理を実践できる人」「和の意識を持った人」「組合員・利用者満足に向かって挑戦（チャレンジ）できる人」を目指し、仕事を通じて人間的に成長し続け、人間力のある「人財」の育成を進めてきました。

　そして、平成19年度から始まったさまざまなCS・ES向上活動が、今後はアグリスウェイに基づき、組合員・利用者・地域の方々から感謝、信頼、必要とされる組織となること、また職員にとって「アグリスで働いてよかった」と思える組織を目指し、アグリスウェイにより全役職員が共有した価値観を、日々の行動習慣に落とし込み、「徹底」と「執着」により、アグリスのCS「くらしの応援隊になる」、アグリスのES「大家族になる」の活動が、職員の「くせ」になるまで、粘り強く「愚直」に続けることが重要だと考えます。（2015年7月号掲載）

第4章

「人材こそ経営資源」を実践

「准組合員はパートナー」など、JA横浜の多彩な取組み

海沼 正雄
かい ぬま まさ お

神奈川県・JA横浜　専務理事

1．横浜の農地面積は神奈川県内第1位

(1)農業への取組み

　横浜市全域を区域とし、約370万人の市民が暮らしている。市全体の面積は43,580ha で、うち市街化区域が33,100ha、市街化調整区域は10,480ha になっている。更に市街化調整区域の中に農業専用地区が1,044ha 設定されるなどの結果、横浜市の農地面積は約3,165ha で、神奈川県内で1番の面積を残している。

　生産物は野菜、植木、花卉、果樹、畜産など幅広く、小松菜の生産量は全国的に上位に位置しており、「浜なし」も供給が追いつかない特産品になっている。

　また販路は、地の利を生かし、大型スーパーとの契約販売や、市場出荷、共同販売、JA直売所への出荷、大型スーパーとの契約栽培、有名レストランや一流ホテル料理長との提携栽培など、生産者の工夫と選択で多様になっている。

　一方、管内には庭先販売を含め、生産者による約1千か所の直売所が

71

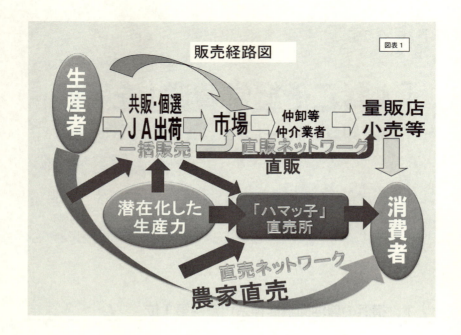

存在しており、いわゆる横浜農業は、都市化の中で工夫を重ね生き残ってきた農業といえる。

　当JAでは、地域農業振興計画を策定し、これを具現化すべくJA横浜アグリサポート事業として展開し、年1回、地域農業振興推進大会を開催して進捗状況を確認している。関連して5年毎に営農実態調査を実施するなど、営農指導に多くの施策と予算を投じ、地域農業を支援している。当JAで行っている施策として、一括販売制度、生産者の身近に設けた中規模のJA直売所14か所の開設、大型スーパーへのインショップなどに取組んでいる。なお、JAへの集荷を求めることは一切せず、販路は自分で開拓してもらうことにしている。

　その中で、一括販売方式は少量でもJAに出荷できることから、都市化の中での農地保全対策と農業従事者の高齢化対策に通じ、組合員から好評を得ている。（図表1）

第4章 「人材こそ経営資源」を実践

(2)都市農業を支援する行政施策

横浜は洒落た街並みと緑が調和する住環境から「住みたい街」として評価をされているが、緑を支える行政施策も充実しており、横浜市による「横浜みどり税条例」や「都市農業における地産地消の推進等に関する条例」、また神奈川県による「都市農業推進条例」が施行されているなど、行政や議員の関心が高く都市農業をバックアップしている。(図表2)

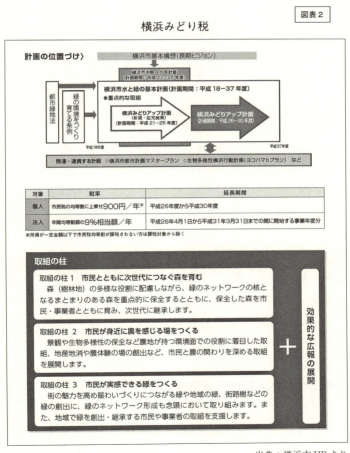

出典：横浜市HPより

◯2. 事業の概況

さて、JA横浜は、平成15年に当時5JAの合併により新設組合としてスタートし、現在は横浜市内1JAになっている。組合員は約6万3千人で、正組合員約1万2千人・准組合員5万1千人、理事53人、監事8人、従業員数約1,700人、う

事業概要

図表3

単位：百万円、件

貯金残高	1,557,071
貸出金残高	635,621
長期共済新契約高	314,948
長期共済保有契約高	3,128,428
購買品取扱高	3,510
販売品取扱高	2,994
斡旋購買(施設)取扱高	17,605
利用(葬祭)事業取扱件数	639

※貯金、貸出金については、平成27年5月末残高を表示しています。

ち職員約1,500人、本店関連施設3か所、店舗数50店舗、営農経済センター3か所、土日祝日営業の資材店舗5か所、直営の農産物直売所「ハマッ子」14か所、交流目的のグラウンド2か所などを保有している。

なお、施設・不動産・葬祭事業は子会社により行っている。(図表3)

特に総合事業を展開する上で、貯金は地域における信頼のバロメーターとして受け止めており、また総合農協としての経営体を人体に例えると、組織が血管、貯金が血液の役割を果たしており、健全な血管があってこそ血液が全身に行きわたり、全事業が円滑に行うことができるものと考えている。この貯金高が合併12年目にして約5千億円（150％）の増加を見ることができ、合併成果の1つとして受け止めている。

◯3. 経営管理高度化への取組み

常勤役員は11人で、うち組織代表として組合長・副組合長各1人、実務経験として、専務1人・常務7人・常勤監事1人の執行体制を敷いて

いる。都市化JAではあるが、営農や組織を重んじ各担当常務を配置するとともに、女性枠理事として女性理事3人が就任している。

特に貯金1兆5千億円をお預かりしている責任を果たすべく、リスク管理・コンプライアンス管理・内部統制等に力点を置くとともに、ALM委員会・クレジット委員会・コンプライアンス委員会、各部署単位に開催する事務改善検討委員会など、経営管理の強化と高度化に取組んでいる。併せて、3年前より理事会を含め各会議を電子会議化し、本年はテレビ会議も行えるWeb会議システムを構築し、会議・研修・伝達・訓示等の効率化、省力化に取り組んでいる。

4. 人材こそ経営資源

(1)時々のリスク管理に順応できる人材育成

職員育成の基本に、大きな二つの考え方をもち実践している。

1点は、JAの事業・運営の根幹は、実際に組合員を抱え協同活動を展開する支店が主役であり、本店は支店を補う脇役であるという精神を常に発信し職員に意識させている。これにより組合員や利用者を大事にし、現場を重要視する基本姿勢が生まれてくる。

関連して、各支店の行事・イベント等には本店職員を積極的に参加させ、現場の苦労を体験させている。

2点目として、人の組織からなるJAの経営資源は、職員の人材に尽きるということを繰り返し発信している。私自身の取組みとして、合併前から今日まで約20年間、職員採用試験また昇格試験など約2千人以上の最終面接に立ち会ってきたが、JA事業は物を作る生産工程ではなく、人の結びつきからなる人的組織であり、まさに人材が経営資源であることを肝に銘じ、面接審査に当たっている。

関連して、採用試験では、自分が好む色に偏らないよう、同レベルを前提に極力多くの色の職員を採用するよう心がけている。

JA運営におけるリスクは時代や背景で異なってきており、人材が経

営資源だからこそ、時々のリスク管理に順応できる人事管理の必要性と、組織が大きくなればなるほどマンパワーの必要性を感じている。

(2)基本知識の習得は事業展開の必須条件

さて、都市化JAの宿命として、各事業とも他業態との競合が熾烈になる中での事業展開を強いられている。農業をキーワードにするJAならではの事業姿勢は共鳴いただけるものの、事業の基本知識に欠ければ受け入れてもらえないという厳しい現実がある。組合員家族や利用者には金融機関等への勤務者も多くおられ、事業推進を行うには基本知識の習得が必須事項になっている。

これらに対処するために、計画的に職員育成に取り組んでおり、手段の一つとして、自己啓発援助制度を通じて業務に関連する資格取得を奨励している。(図表4)

特にFP技能士626人は、他金融機関に劣らない取得割合になっており、一方で営農指導員も130人の資格取得になっているなど、農業へ関心を示す職員も多くなっている。

その他、職員育成の独自の取組みでは、職能資格5等級・6等級への昇格試験を実施している。いわゆる役付者・管理者への登竜門として自JAの理念や姿勢、定款・規程・就業規則など身につけてもらう機会を作っており、筆記試験と同時に適性検査、論文審査も実施している。もちろん、日常における担当業務の成果や取組み姿勢に重きを置いて審査するとともに、専務・人事担当常務による面接審査も行っている。この制度の課題も多くあるが、人材こそ経営資源であるからこそ、目立たなくても一生懸命努力している者を確認する手段として、また約1,500人の職員がいる中で、極力、透明性を維持し、公平な人事管理をするための人事制度としている。

その他の施策として、新人職員個々の育成を目的にした先輩職員による「世話係」制度や、得意先養成研修として採用後6か月間の集中研修を実施していること、人事部に直結した年1回の自己申告制度の実施、同じく改善提案や、職場の風通しを良くするために行う「何でも相談日」

第4章 「人材こそ経営資源」を実践

図表4

有資格者数一覧表

資 格 名	資格者総数	資 格 名	資格者総数
農業協同組合監査士	10	毒物劇物取扱者	159
農業協同組合内部監査士	89	危険物取扱者	248
営農指導員	130	高圧ガス第2種販売主任者	78
食の検定・食農1級	6	液化石油ガス設備士・配管工事設備士	14
食の検定・食農2級	12	農業機械整備士・農業機械技術指導士	7
食の検定・食農3級	184	介護支援専門員	1
社会保険労務士	7	ホームヘルパー	37
行政書士	1	衛生管理士	131
宅地建物取扱主任者	169	測量士・測量士補	13
1級ファイナンシャルプランニング技能士	42	情報処理技術者(ITパスポート、基本情報技術者等)	23
2級ファイナンシャルプランニング技能士	584	旅行業務取扱管理者	37
2級金融窓口サービス技能士	208	葬祭ディレクター技能審査	17

を実施している。これは部室長・支店長等の各部署の最上位管理者が年2回、配下全職員を面談するもので、コンプライアンスの取組み確認と併せ、体調を含め個人的な悩み等も相談できる仕組みとしている。

　人事関連施策のほとんどが「人材こそ経営資源に通ずる施策」として、職員教育・育成に力を入れている。

5. 組合員学習への取組み

(1)良き職員がいるところに良き組合員リーダーがいる

　よく「組合員教育」といわれるが、高学歴化社会の中において「教育」の言葉は馴染まない場面が多くあり、当JAでは「組合員学習」という表現に統一している。

　さて、職員育成と組合員学習を通じた組織リーダーの育成は表裏一体と考えている。良き職員がいるところに良き組織リーダーが生まれ、良き組織リーダーがいるところに良い職員が育つのである。一般企業においても、良きリーダーが出現するか否かは企業の命運を握っている。特に人的結合体のJAでは、組織リーダーの育成に向けた計画的な取組みが重要と考えている。

(2)人材活用は合併効果を早期に引き出す

　参考までに、職員配置と組織との関連で成功した具体例を紹介する。当 JA は平成15年に、当時、貯金全国１位の JA 横浜南、貸出金全国１位の JA 横浜北を中心に、５つの組合が新設合併した総合農協である。中には、はじめて合併する JA や経済専門 JA などもあり、合併効果を引き出すのに多くの課題があった。

　そこで、合併２年目のスタートに当たり、旧 JA 管内の各エース級支店長を、それぞれ相互に地区を入れ替えするという大規模な人事異動を行った。私自身、合併を主導した責任として、合併効果を早期に引き出すべく考えていた施策であるが、JA の組合員は良い意味で自分の地区の職員を大事にする一方で、食わず嫌い的な側面があり、また職員自身も自分の出身地区を自慢する傾向がある。こうした感情は合併効果が進まない大きな要因と考え、異動への反響も懸念されたが、効果を信じて組合長に決断してもらい実行に移した。

　その結果、各地区において他の旧 JA にも良き職員が存在していたことが共有され、それに組合員が反応して一挙に全 JA での一体感が醸成されるなど、職員の意識をはじめ早期に合併効果を引き出すことができた。良き職員には多くの組合員がついていき、組織からも新たな組合員リーダーが育つことなどを実感した。

(3)組合員リーダーの計画育成

　当然のごとく、組合員も職員と同様に貴重な経営資源であり、加えて将来組織を代表する人となる可能性を含むことから、計画的なリーダー育成に努めねばならない。

　当 JA では、リーダー育成のための学習機会として、協同組合講座を開設して９年目になる。毎年、総合支店30店舗（母店）から各１人の受講者を推薦してもらう。受講者は組合員もしくはその家族であるが、農業や農協に関心が薄い人もいるし、女性や会社定年後のUターン後継者も含まれている。いわゆる、JA の存在は知っているが、活動内容は知らない人が多く、その意味において JA への質問や発想は多岐にわたり、

第4章 「人材こそ経営資源」を実践

私たちもその考えを新鮮に受け止め、カリキュラムの改善に生かしている。

一方、競争原理社会の風潮の中ではあるが、相互扶助を目指した協同組合精神については、毎年の受講者のほとんどが高い関心を抱いてくれており、安堵感と併せ、今後の組織活動の重要なキーワードになるものと考えている。

その他、農業施策に関する組合員学習の一環として、新規就農者・Uターン就農者・女性就農者など、就農のタイミングに合わせた各種の学習会を開催しているほか、生活文化活動や各専門部活動を通じ研修会・講習会等を開催している。

⌒ 6．組合員組織活動

(1)准組合員はパートナーであることを実践

当JAの組織活動は正組合員を中心に行っているが、独自の取組みとして、支部組織（生産班）に参画する准組合員約1,800人を「把握准組合員」と称し、正組合員に準じた対応をしている。

農協改革議論では、准組合員は単なる金融共済事業利用者との評価を受けたが、当JAでは把握准組合員として位置づけ、支部活動に直接参画できるようになっており、まさしく都市農業の応援団であり、JA活動のパートナーとして存在している。

なお、准組合員は、農業をキーワードにしたJAの各行事や事業に共鳴して、自らの選択で加入しているのであることは、平成12年に行った准組合員アンケート結果からも読みとれる。

(2)組織は連絡なり＝わかりやすいJA運営

次に組織活動の根幹として、総合支店30店舗単位に「支店運営委員会」を設置している。地区理事・理事を補佐する評議員・各支部長・各専門部代表者で構成し、毎月1回支店運営委員会を開催している。いわば各支店の協同活動を統括する原動力であり、JA運営上の基幹として位置

付ける組織である。（図表５）

「組織は連絡なり」を実践すべく、支店運営委員会は毎月の定例理事会の直後に開催し、必要な連絡・報告事項等の迅速化に努めている。

関連して、毎月の各支店運営委員会から出された意見・要望は、翌月の常勤理事会に報告され、常勤理事会の検討結果は支店長会議を通じて必ず回答する仕組みをとっている。いわゆる現場目線から見てわかりやすいJA運営を目指すことにより、信頼関係が生まれ、協同活動が深まり、反建設的な意見等も少なくなっている。

次に、支部組織活性化対策として、隔年で支部組織活性化対策事業を展開している。これは支部長任期２年の２年目に、積立金に基づく予算措置を講じ、支部の実情に合った活性化のための施策（研修会・視察会・懇親会等）を支部長自身に企画してもらう施策であり、支部活性化と併せ、組合員家族等若い後継者の参画を呼び掛けるなど、JAに関わる手段として好評を得ている。

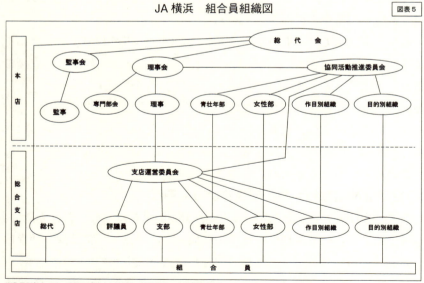

JA横浜　組合員組織図　図表５

※作目別部会では、地域のブロック別単位で組織されている場合がある。

第4章 「人材こそ経営資源」を実践

7. 支部組織組合員後継者約6,300人を対象に一斉訪問面談運動を展開

　当JAの組織上の課題として、JA運営の基盤となる支部組織をいかにして維持していくか、また活性化していくかが大きな課題になっている。都市化の進行により組合員の生活様式は多様化し、高齢化も進み、いわゆるJAに求める施策も個人差が出てきている中で、共通項を見い出し、後継者に受け入れられる魅力ある支部活動を展開しなければ組織は衰退してしまう。

　この対策として、支部組織に帰属する正組合員後継者のうち、日頃会うことができないなど、一定条件を設けた後継者約6,300人を抽出し、支店長を中心とした支店管理者が訪問して面談する「支部組織組合員後継者一斉訪問運動」を展開している。相手の事情等から、夜間や土日祝日の指定が多いなど、多くの時間と労力を必要とすることから、約3年間をかけて行っている。

　私自身、支店担当している時に、後継者との「きっかけづくり」として取組んだ経緯があるが、相応の成果もあったことから、改めて全支店で実践願っている。

　もちろん、すぐに期待される効果は出ず、将来への可能性を期待した取組みであるが、他に施策が見つからない現状で、課題に対して手をこまねいていては進歩はなく、支店管理者には「将来必ず帰ってくる施策だから」として熱く説き、JAの安定運営のために、また後輩職員のために奮闘してもらっている。

　このような地道な施策の一方で、組合員家族を対象にした次世代対策については、東京ディズニーシー夜間貸切イベントを実施するなど、インパクトのある施策を講じている。

8．女性参画として評議員30人誕生予定

　当 JA における女性の組織参画は、女性理事３人、女性正組合員比率28％、女性総代比率13％など、25回 JA 全国大会の決議を満たしている。JA らしい協同活動を展開する中で、生活文化事業をはじめ、健康管理・助け合い・高齢者対策など、女性の視点に頼る場面が年々増えており、また、JA 事業とのかかわりや、６次産業化・地域対策などの面でも、ますます女性力や女性の感性が重要視されてきている。

　そこで、さらなる女性参画推進を目的に、平成28年度より、支店運営委員会の評議員として、新たに女性評議員１人の特別枠を全支店に設ける予定をしている。評議員は総合支店の地区理事を補佐するとともに、支店の中心となって全体をリードする重要な立場になり、現行でも女性評議員は存在するが人数は少ない。今般の施策により、女性評議員を一挙に30人誕生させるなど、JA 横浜の組織活動の中核として、女性参画を進めていく。

9．農協改革への見解と対応

(1)JA は組合員の意思による参加型運営

　なぜ、唐突に農協改革議論が巻き起こったかの疑問はさておき、JA 運営に長く携わる者として、予定されている改革の中身について、現場視点から率直な感想を述べる。

　農業所得増大を目指した認定農業者や担い手対策等への更なる営農支援強化の姿勢は理解するとしても、協同組合の本質は組合員の意思による参加型の組織・経済運営であり、特に都市部では認定農業者以外の農業者も多くおり、同じ条件の中で農地を守りながら地産地消に取組む組合員であることとの整合性、この裏返しとして、革新的農業経営を営む組合員に対し、JA として過去に取引を強要したり、阻害するような言

第4章 「人材こそ経営資源」を実践

動をしたことはなく、むしろ視察研修等を通じてノウハウを教授願うなどの関係にある。事業取引を含め、JA運営は本人の意思に基づく参加型運営であることを実践してきたのである。

また、理事会構成として、認定農業者や経営のプロを求めているが、一方で組合員の中から民主的に選出される地区理事は総合農協として欠かせない存在でもあり、果たす役割などについて議論を深めて欲しかった事項である。

(2)広報戦略と外部とのパイプづくり

今般の改革議論の過程において、JAの実態が正しく国民に伝えられなかったことが残念であり、被ったダメージは大きい。結果として、情報収集のあり方を含め、JAグループとしての広報発信手法・戦略等に大きな課題を残した。特に単位JAの活動実態について、地域とのかかわりを含め、わかりやすく発信する広報戦略の必要性を強く感じている。

関連して、他業態有識者等との定期的な意見交換等の場があれば、急速な議論が生まれないで済むと感じている。今や経済活動の組み合わせが多角化する中で、JAグループとして外部視点に着目する姿勢を持つことにより相互理解が高まり、結果としてJAの利益に結び付くようにも考える。

(3)JA間・地域間連携の必要性＝横軸組織の強化を

単位JAが700弱になるなど合併が進んでいる中で、この間、JA間の連携・連絡会議等の正式機関が存在していなかったことも課題として認識している。もちろん、研究機関が主催する任意の研究会等はあるが、JAグループとしての正式な機関は設置されてない。いわゆる系統3段階の縦軸組織が強い一方で、横軸組織強化の必要性を感じている。

JAは地域が重ならない利点を生かし、相互利益に直結するような農協間・地域間の連携を強化していくことが組合員利益にも通じてくる。今般のJAグループの対応のように、現状では中央会を中心とした47都道府県への積み上げ方式による意見集約方法しかないのが実状であり、結果として県域間の事情も異なることから、迅速性・発信力・戦略等に

83

欠けた部分があったように感じている。

　たとえば系統3段階の外郭組織として、大規模農協協議会等の機関が設置されていれば、農協改革議論等に対応する場合も、更なる戦略の組み立てが可能になったように考える。5年後の農協改革議論に対応する意味も含めて、実現しなければならない課題と考える。

(4)常に改革意識を以て JA 運営する

　経営陣は、常に自己検証し、改革心や自浄力をもって経営・運営に当たらねばならない。今般の法改正について疑問が残るとしても、法律に基づき対応することになる。ついては、農協改革議論を契機に、求められている取組み、劣っている分野等について検証し、自己改革に結び付けていくことが重要になる。また足元を検証し、改革精神を持つことが、組合員・利用者の期待や信頼を高め、協同組合運動の強化に結びついていくものと考える。

(5)農業経営は屋根のない会社経営

　農協改革では、農業者の所得増大がキーワードとなって議論されている。農業経営も会社経営も、同じ「経営」の言葉がつくように、経済活動に変わりはない。農地は会社でいう営業所になり、ただ屋根がないだけのことと例えられるが、まさしく実態を表している。

　たとえば、会社の代表者変更に際し営業所等の営業を生む資産に対する相続税等は発生しないが、農業の代替わり（相続）の際は営業所として引き継ぐ営業場、すなわち農地そのものに多額の相続税が課せられる。また都心部では相続人の権利関係も関連して農地が分散されるリスクが多くあるなど、長期展望が立てづらい側面があり、担い手の就農設計に大きな影響を及ぼしている。

　日本農業を強くし、農業所得を上げていくには、都市農業が果たす実態や役割について再評価願うとともに、税制など本質的課題についても議論が深まることを切望する。新たに制定された都市農業振興基本法を注目していきたい。（2015年8月号掲載）

第5章

JA福岡市の支店行動計画を通じた人材育成の取組み

清水　秀喜
しみず　ひでき
福岡県・JA福岡市　代表理事専務

1．JA福岡市の概況

　福岡県福岡市は九州の北部に位置する温暖な地域で、北は博多湾から、南西は脊振山地に含まれる山間部まで広がる福岡平野を市域としており、東京（約900km）、大阪（約500km）よりも、韓国釜山（約200km）が近く、古来より大陸の玄関口としての位置的役割を担っています。地方都市として支店経済が中心ですが、国家戦略特区としての企業誘致にも取組んでおり、九州各地からの人口流入も多く、人口150万人を超えてなお増え続けている大変元気な都市です。

　都市化が進み、農業のイメージが薄いと感じられるかもしれませんが、市内面積約343km²のうち、農用地は約8％を占めており、消費者ニーズを身近に見ながら生産できる利点を持っています。なお、市内にはJAが2つありますが、JA福岡市は市内約80％以上の地域を管内としており、農業協同組合として、農を基軸に据えた事業・活動を展開しています。

　管内の農業については、温暖な気候と消費地の近さを活かした園芸農業（野菜・花き）を主軸として、収益性の高い都市型農業を展開してい

組合の概況

平成 27 年 3 月末現在

組合員数	36,528 人	主要事業の事業量	
正	6,822 人	貯金	3,447 億円
准	29,706 人	貸出金	2,007 億円
役員数		平成 26 年度経営状況	
理事	29 人	事業利益	328 百万円
内常勤	5 人	経常利益	509 百万円
監事	5 人	税引前当期利益	495 百万円
内常勤	1 人	平成 26 年度購買高	26.1 億円
職員数	612 人	肥料 (1.7 億円)、農薬 (0.7 億円)	
内正職員	430 人	飼料 (0.6 億円)、農業機械 (2.2 億円)、	
		燃料 (3.1 億円)、食品 (4.7 億円)	
		平成 26 年度販売高	39.3 億円
組合員組織		店舗及び主な施設	
普通作物研究部会、農作業受託組合、 いちご部会、春菊部会、ほうれん草部会、 だいこん・かぶ部会、花卉部会、年金友 の会、資産管理部会、青色申告会 他多数		本店 1、支店 32、グリーンセンター3、 米香房 2、直売所 5、農業倉庫 9、給油所 1、 燃料センター1、農機車両センター1、 資材センター1、共同出荷調整施設 2、 デイサービスセンター1	
子会社の状況			
（株）ジェイエイ福岡		（株）ＪＡファーム福岡	
●事業内容　葬祭・開発・不動産管理 ・売上高　7.2 億円 ・社員数　32 人		●事業内容　作業受託・栽培・食育研修 ・売上高　63 百万円 ・社員数　9 人	

ます。特に、ブランド品種「あまおう」を中心としたいちごや、切り花を中心とした花卉、土・礫耕で栽培するトマトなどが高い販売高を計上しているほか、市内 5 ヵ所で展開する直売所も、年々売上が増加しています。

　また稲作では、昭和50年代から減農薬栽培を開始したほか、平成16年度より、生産者の経営安定と改善を目的とした米の買取販売にも取り組んでいます。さらに平成19年度より、農地の減少に歯止めをかけ、生産基盤を維持していくために、中期経営計画に「管内農地2,000ha の維持」を掲げ、農業者の育成・支援、販売拡大と低コスト化による農家所得の向上に取組むとともに、平成20年度には子会社で農業生産法人株式会社ＪＡファーム福岡を設立し、農地管理や農産物栽培を行っています。

2. 組織基盤・地域活性化への取組み

　平成27年度は、三ヵ年計画として、「『食』と『農』を次世代へつなぐ

第5章　JA福岡市の支店行動計画を通じた人材育成の取組み

ため、組合員の営農・生活、そして地域の食を守る協同活動を展開します」を基本方針として掲げ、その最終年度の取組みを行なっています。

しかしながら、やはり当JAにおいても、全国の他JAと同様に組合員の高齢化・後継者不足という大きな課題を抱えています。また、JAの基盤である組織活動においても、部員・参加者の減少、活動のマンネリ化も見られているところです。

これらの諸課題は、管内農業の衰退はもとより、JAの組織基盤・経営基盤の縮小を意味する大きな問題であり、また、過去10年以上前から課題とされている問題でした。

(1)基盤の拡大

この課題への取組みとしては、まず組合員数を組織基盤の物差しとしました。特に、平成10年度頃の組合員数は、毎年、数十名から百数十名の減少が顕在化しており、このままではJA組織は弱体化してしまうとの危機感が生まれていました。そこで当JAでは、平成13年度からの中期経営計画において、組合員加入促進運動を展開し、その後、現在までの13年間継続しているところです。現在の三ヵ年計画でも3,000名の目標を掲げて支店毎の目標を設定し、全体事業計画の管理の中で、担当課が四半期毎の進捗管理を行っています。

また、支店としては、員外の方々にアプローチする切り口が必要になりますので、「組合員加入推進パンフレット」を作成し、その活用を促しています。さらに、新たに組合員として出資された方へは、新規加入特典として、年に1回開催するイベント「博多じょうもんさん天神市場」への招待を兼ねた「お買物券」をプレゼントするなど、メリットに合わ

組合員数の推移

（単位：人）

	H6	H11	H16	H21	H26
正	6,747	6,558	7,144	7,039	6,822
准	13,823	13,636	15,509	20,730	29,706
総計	20,570	20,194	22,653	27,769	36,528

せてJAを知ってもらう取組みとなるよう工夫しています。

その一方で、課題として、「正組合員と准組合員の比率」「組合員メリットの明確化」があります。

組合員数の増加を求める場合、当然ながら農家戸数はある程度限られているため、正組合員の増加はそうそう望めず、准組合員が中心となってしまいます。しかし、農業者の協同組合としてのJAを考えた時には、やはり正組合員の増加は必須であり、次世代・後継者はもとより、新たな農業者の育成等を行っていく必要があります。

また、准組合員も、単なる出資者ではなく、地域の農業と食を守るパートナーとしての理解者を増やしていくことが大切であるとも考えています。

もう一つの課題である「組合員メリット」ですが、組合員加入促進運動を実践する中で、組合員・員外にかかわらず、「組合員になって何かメリットがあるの?」という声を聞くことがあります。これは、非常にむずかしく、説明しにくいことですが、「JAの組合員であることによって、食と農に密接な関係のあるJA活動に参画できる」「地域の中で人と人とのつながりを実感できる」ということ、つまり精神的なメリットを享受できることが本来であると思います。

しかし、これを理解する、あるいは実感することがなかなか簡単なことではなく、結局のところは、目に見える金銭的メリットが享受できるかとなってしまい、先述の新規組合員加入特典や、高い出資配当、組合員限定のキャンペーン定期といった取組みとなっているのが実情です。そのため、出資やキャンペーン定期といったメリットのある事業しか利用しないといった組合員も見受けられます。しかし、そのような方も含め、JAの活動に対し理解してもらう広報活動を展開することが大切であり、JAという団体、組織が継続して存在するためには、その活動基盤・事業基盤である組合員の増加は、恒常的に継続していくべき取組みであると考えます。

(2)組織の活性化

　先述のとおり、平成13年度からの組合員加入促進運動の展開により、課題はあるものの、構成員である組合員数の増加という一定の成果は得られましたが、その一方で、JAが地域で躍動するための基礎である組織については、組合員の高齢化等により、組織構成員の減少や目的の希薄化、活動のマンネリ化といった組織疲労が見られました。

　そこで、平成16年度に「組織活性化プロジェクト」を設置し、検討を行いました。各組織体を農事組合等の集落組織、青年部・女性部等の協同活動基盤組織、生産部会や資産管理部会等の目的別組織、年金友の会等の利用者組織として分類し、「構成員の減少傾向と高齢化」「役員の選出手順と活動のマンネリ化」「参加者の固定化」を共通課題として会議を重ねました。

　会議においても、一概に活性化といってもなかなか有効な手段がなく、議論は非常に混迷しましたが、どうにか「組織活性化基本方針」なるものを策定しました。

　基本方針では、JAは「組合員・地域に対する有益な情報と楽しく協同活動に参加できる機会の提供」「地域の組合員リーダーの育成」「組合員一人ひとりの声を聞く機会の創出」に努めるとともに、組合員には「助け合い精神を重んじた協同活動の実行」「参画する組織の発展を目標にした『自主活動・自主運営』」「新たな活動を積極的に取り入れた新たな仲間づくりの促進」を求めていくこととし、「組織なくしてJAなし」という結論にいたりました。

　この基本方針を基に、支店における地域組織の活性化と、本店による各組織の活性化という両軸での活性化に着手しましたが、実際に具体化するとなると、また、問題点が出てきました。活動として、新たな活動には取組めるものの、昔のように「減反反対！」とか「農産物輸入阻止！」といった明確な結集軸がない中で、組合員への意識づけをどうやればいいのか、JA主体の活動ではなく組合員主体の活動とするためにはどうしたらよいのか、と考えているとき閃いたのが、「支店行動計画」です。

地域の商工会やJR九州とタイアップした田んぼアート

　「支店行動計画」とは、当JAが平成12年度から策定し実践しているもので、全32支店独自の支店版事業計画を策定し、各地域の特性にあった活動を行うといったものです。当初の目的としては、当時のペイオフ対策として、他行との差別化を図るため、各支店が独自でJAらしい取組みを行い、それにより、事業確保を目指すというもので、どちらかといえばJAが主体的に行っている活動でした。

　そこで、これまで行ってきた地域活動や食と農の活動等の支店行動計画を、JA主体で行うのではなく、組合員が計画から参画し、組織横断的に行うことが協同活動の強化であり、地域の活性化につながっていく。また、それが、JAらしい支店づくりとして他金融機関との差別化や職員の育成に、そして組織基盤・事業基盤の拡大につながっていくと考えたわけです。

　まず、地域性の異なる3支店をモデル店舗に指定し、本店のサポートのもと、地域に密着し、支店の独自性を生かしつつ、さらに各組織が連携した計画の策定および実践を行うこととしました。

　当JAには、支店協力組織として「協力委員会」なるものがあります。この協力委員は支店の各集落の中心的組合員・生産部会の部会長等が多数就任されていて、この協力委員会で組織・地域の活性化のための支店

第5章　JA福岡市の支店行動計画を通じた人材育成の取組み

行動計画の意義を説明し、計画から実践まで参画してもらうこととしました。

　「モデル店舗に選ばれたからには、何か新たな独自の取組みができないか」と、理事・支店長を中心に、モデル店舗としても、協力委員会や組織合同会議で検討され、各組織合同による清掃活動や、田んぼの畦を彩る「彼岸花の郷（さと）づくり」と、それをキャンバスの縁に見立てた「田んぼアート」等の活動が企画されました。特に、「田んぼアート」と実りの秋に行われる「田んぼアート・フェスタ」は、地域の商工会、さらにJR九州もタイアップし（近くに駅がありJRのウォーキングと連携）、まさに組織活性化のみならず、地域活性化の取組みとなったのです。

３．職員への意識づけ

　さまざまな場面でこれらモデル店舗の取組みを紹介し、全支店への波及を目指していきました。また、これまでと異なり、支店行動計画を策定する際には、JA職員だけで策定するのでなく、理事・協力委員や各組織を巻き込んで策定するような形に変更しました。そういった中で、徐々にですが、モデル店舗に刺激を受け、支店独自で新たな取組みを行う支店が出てくるなど、広がりも見せ始めました。一方で、各支店の取組みを全体的に管理すべく、支店行動計画の進捗に対する自己評価を四半期毎に取りまとめ、理事会で報告して、各支店長に対する取組みの徹底を図ることとしました。

　実際には、農村地域の支店もあれば、都市部の支店もある中で、全支店が高レベルでの取組みを実践するのはむずかしく、支店間格差があるのも事実です。

　確かに支店行動計画としてさまざまな取組みを行うと、支店職員はどうしても休日出勤が増えたり、事業実績とは直接関係のない仕事が増えたりとたいへんな面はあります。その反面、見返りとしてこの取組みがすぐに貯金や共済の実績に結び付けばいいのでしょうが、現実には時間

を要するものであり、そううまくはいきません。

　しかし、このような取組みを組合員と一緒に行うことは、組合員と職員の距離を確実に縮め、それが将来的に事業実績に結び付く可能性は充分高いと思われます。

　実際の実績を獲得するのは異動で着任した他支店からの職員であっても、「一緒になって活動してきた職員に対する組合員の親近感は、将来的には必ず役に立つ」、また、「自分がいた支店を盛り上げて次につなぐのは当然であり、自分が異動先でその恩恵を受けるかもしれない。それが全体に広がればいいのではないか」、そういった大きな考えで全体的に取り組んでいくことが、各支店およびJA、また職員自身の将来を見据えた中では大切であり、むずかしい面はありますが、全職員がこのような考え方をしないとなかなかうまくは進みません。

　そのためには、部下職員にこのようなことを理解させ、引っ張る支店長の力、さらには組合員を引き付ける魅力のある支店長、いうなれば支店長の「人間力」が必要であり、それによってこの支店行動計画の成果は大きく左右されるといっても過言ではないと思います。

　幸い、当JAがこの支店行動計画に取組み始めて15年が経過しているため、現在の中堅～若手の職員は、この支店行動計画が入組当初から支店業務の一環であり、当然であるといった認識も芽生えています。こういった面からも、やはり継続は力であると感じる反面、若干のマンネリ化も見られ始めています。

　それを克服し、少しでも高位平準化された支店行動計画を行っていくために、全支店の行動計画には"「食と農」に関する取組みを含むこと"を義務づけています。各組織の連携・活性化にとって「食と農」の取組みは、その起爆剤になりうると考えているからです。

　また、各支店長には「しっかり若い人の意見を聞いてほしい」と伝えています。若い人のアイディアをもとに、組合員組織と協議すると、当然、新しい取組みもあれば、中止する取組みもありますが、それぞれの取組みを組織としっかり協議し、各地域に合わせた取組みを行なうこと

第5章　JA福岡市の支店行動計画を通じた人材育成の取組み

が、支店行動計画の活性化につながってくと考えています。

4．組合員への意識づけ

　平成16年度からの支店行動計画の組織活性化では、職員意識ばかりでなく、主役たる組合員への意識づけも必要でした。まずは、「組織活性化基本方針」や支店行動計画のモデル店舗の取組みを理事会で説明するとともに、先述のとおり、モデル店舗の協力委員会議に本店より出席し、取組みの主旨、将来のイメージ等について、協議していきました。また、協議参加者を広げ、個々の組織に横串を通すべく、組織代表を集めた「組織役員合同会議」をモデル支店で開催し、各組織連携した活動、組合員自らが参画する活動を実現しようとしました。

　その一方で、平成12年度より行っている支店行動計画の認知度を高め、実効性あるものとするためには、組合員や地域住民に伝えること、つまり情報発信が必要でした。しかし、JA全体の広報ではすべての支店の活動を紹介するのには無理があります。そこで活用したのが、各支店独自の広報誌である「支店だより」です。

　当JAにおける支店だよりは、昭和51年に某支店で発行されたのを皮切りに広がりを見せていましたが、その内容・発行頻度には支店毎に差がありました。そのため、平成16年度には、全支店に広報担当者を置き、毎月手書きで発行するように統一し、各支店での活動をJAの広報誌とともに組合員宅に届けることとしました。

　さらにその内容を充実させるため、「支店広報誌コンクール」を実施しました。現在でも支店広報誌コンクールでは、「読みやすさ」「レイアウト」のほか、「JA・支店の取組みの紹介」「組合員等への取材」を審査基準とし、各支店の広報担当者に自支店の取組みへの興味を持たせるとともに、組合員とのふれあいの機会を持たせるような仕掛けにしています。

　さらに、組合員教育にも力を入れていくこととし、JAの教育方針と

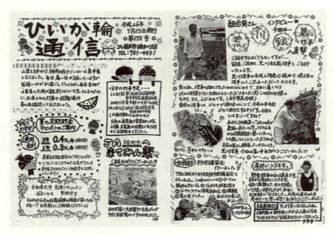

毎月手書きで発行される支店だより

して、平成19年度に「人づくり基本方針」を策定し、「協同組合理念の再認識」「多様化・専門化するニーズに応えることができる知識と経営能力の取得」「地域社会の関わりを大切にし、貢献する意識形成」を3つの柱として、組合員・役員・職員を対象に、協同組合理念を基礎とした教育研修を計画的に行い、地域やJA運営の核となる人材育成を展開することとしました。

　この基本方針に従い、組合員教育として次世代リーダーの育成のため、協同組合講座を平成20年度より開催しています。この協同組合講座は、基礎講座と専門講座に分かれて開講しており、基礎講座を修了すると、翌年度は専門講座へと進む仕組みとなっています。内容は、協同組合論的なものから始まり、農業経営・経済情勢・農政等について、外部講師による講座を行っています。

　また、講座修了者も100名に近づいた平成25年度から、現在の受講生の修了式に合わせて、過去の修了者を対象としたセミナーも年1回開催しており、参加者同士の交流を深めるようにも工夫しています。組合員教育というと若干おこがましい面もありますが、少しずつでも組合員の協同組合運動に関する意識を変えていければと考えています。

第5章　JA福岡市の支店行動計画を通じた人材育成の取組み

○ 5．地域への意識づけ

　支店行動計画の中で、"「食と農」に関する取組みを含むこと"を位置づけていると述べましたが、支店行動計画に限らず、当JAの中期経営計画の中には、「食と農」という言葉を取り入れています。これは、JAの基本である農業とそれにより生み出される食が、組織基盤の拡大・事業基盤の拡大には不可欠なことと考えているからです。これらは、まさに農業理解者づくり、JA理解者づくりを目指すものであり、ひいては組織基盤・事業基盤拡大につながるものと思うのです。

　その中で、特にわかりやすいのが「食農教育」です。当JAでは、青年部による学童稲作指導、『まめひめ』（女性部OB達のグループ）によるみそづくり指導、組合員を先生とした食農ティーチャーによる伝統食・農業等の指導、また食の拠点として設置している『旬菜キッチン』を活用した料理教室など、多岐にわたる食農教育を展開しており、各支店の支店行動計画の中にも取り入れています。

　先述した「人づくり基本方針」の中では、支店行動計画や食農教育に携わり活動することは、参加者自らの農業者役割・協同組合運動者たる役割を認識する、すなわち、自らの教育であると位置づけるとともに、地域住民や消費者に対する食の安全、地産地消、環境保全等についての啓発活動として定めています。

　また、このような活動は、特に次世代を担う子ども達、そしてその母親世代を対象に教育活動を行うことが多く、どちらかといえばJAとは離れた世代層の取り込み、つまりは農業理解者づくりや事業基盤の拡大につながっていると思います。

　ある支店の事例ですが、地域の公民館からみそづくり指導を行ってほしいとの依頼があり、『まめひめ』（女性部OB達のグループ）と支店職員で指導にいったそうです。支店職員はやはり事業実績も必要ですから、そのみそづくり終了後、「このような活動はJAの事業活動から費用を

95

拠出しています。その主旨をご理解いただき、ぜひ、何等かの取引を
JAで行ってください」とはっきり紹介し、推進活動を行ったところ、
多くの参加者から取引契約をいただいたとのことでした。まさに、協同
活動・JA活動の主旨を理解してもらい、その賛同者になっていただい
た事例であり、事業活動を営んでいくうえでは大切なことだと思います。

◯ 6. 職員教育

　これらの協同活動に対しての職員の理解を深めるため、JA福岡市と
して「求められる職員像」を定義しています。以下に示しているように
「農・食を考え、協同組合運動を理解する職員」であってほしいと思い
ますし、ここがなかなかむずかしいのですが、2番の「組合員の気持ち
を察して行動できる職員」がやはり組合員に信頼される職員ではないか
と考えています。

　また、このような職員を目指して、自分に与えられた使命を自ら考え
たうえで、各個人が自らの「私の三ヵ年計画書」を策定しています。そ
の中身は各人バラバラな面はありますが、単年ではむずかしいものも、
三ヵ年で達成し、少しでも求められる職員像に近づけるように自らが設
定し、取組むものであると考えています。

　一方で、農業の理解促進という意味では、地域住民も職員も同様の面
があります。現在、当JAでも農家出身でない職員が増加していますが、
そのような非農家出身の職員も、農業を体験し、農家の気持ちを少しで

求められる職員像

1	農を思い、食を考え、協同組合運動を理解する職員
2	組合員・利用者の気持ちを察して行動できる職員
3	組合員・利用者の要望・質問に迅速・丁寧・正確に対応できる職員
4	組合員・利用者からも役職員からも信頼される職員
5	内外の変化に柔軟に対応できる職員
6	常に自分自身を高めようとする向上心のある職員
7	コンプライアンスを常に意識する職員

第5章　JA福岡市の支店行動計画を通じた人材育成の取組み

も理解できるようにと、管理職・一般職員問わず、全職員が少なくとも1年に1回は、子会社「JAファーム福岡」での農業体験研修を行うようにしています。その中では、農業のたいへんさを学びつつ、当JAで現在取り組んでいる "管内の2,000ha農地の維持" とそれに対するJAファームの役割も伝えています。

7. 最後に

　最後に、収益面では、信用・共済事業が柱です。どこのJAもそうだとは思いますが、この信用・共済事業は銀行や保険会社との厳しい競争にさらされています。当JAでもここ数年は利ざやが非常に縮小し、経営的な厳しさも増しています。このような中で生き残っていくために、JAらしい支店を構築していく必要があると感じています。また、このJAらしさとは、農業協同組合である以上、農業または組合員は基盤であり、ここがしっかりしていれば信用・共済事業に結び付いていくとも考えています。

　JAができること、それは農業を振興し、安全な食を守ることであり、各取組みがそれぞれリンクしつつ、人と人との結び付きを強めながら、一体的に実行していくことが必要であり、そのためには、やはり支店を拠り所とした支店行動計画を継続し、組織・組合員・地域住民が元気になっていけば、当JAはますます地域に必要とされる存在になると思います。そしてそれは、現在進めている「JAらしい支店・農を感じる支店」づくりと同化して、他企業にはない協同組合の価値の向上、他金融機関との差別化につながっていくと思います。

　当JAの経営理念は「人と自然との関わりを大切にし、地域に愛されるJA福岡市をめざします」です。今後もこのような取組みを信念をもって継続していけば、この経営理念の実現にも繋がっていき、当JAの組織基盤、そして事業基盤は揺るぎないものになると確信しています。

(2015年9月号掲載)

第6章

JAの経営革新と人材育成の課題
―JA大会組織協議案から―

青柳　斉
あお　やぎ　　ひとし

福島大学　教授（農学系教育研究組織設置準備室長）

1. JAの「経営革新」とは

　一般に企業経営の存続・発展にとって、環境変化に対応して持続的な
イノベーション（経営革新）が必須条件となります。それはJAにとっ
ても同様であり、経営管理および各事業運営、組織活動のそれぞれの分
野において現状の問題と課題をチェックし、経営理念および中長期計画
等で掲げた目的・目標に向けて、新しい対策やノウハウを絶えず創造し、
実行していく必要があります。

　ところで、JAグループ全体の経営革新の方向性については、3年ご
とのJA全国大会議案に示されています。いま、2015年の第27回JA全
国大会議案のたたき台である組織協議案を見てみましょう。その内容は、
前年11月に全中理事会で決議した「JAグループの自己改革について」
をおおよそ踏襲しています。ただし、「農業者の所得増大」「農業生産の
拡大」「地域の活性化」という3つの基本目標のうち、JA改革に「農業
所得の向上」を強く求める政府に配慮してか、前二者が最重点課題とし
て挙げられています。そして、この農業振興の基本目標はすべてのJA

99

が取組む課題として、具体的には最重点分野として以下の6項目（a～f）を掲げています。

　　a．担い手経営体のニーズに応える個別対応
　　b．マーケットインに基づく生産・販売事業方式への転換
　　c．付加価値の増大と新たな需要開拓への挑戦
　　d．生産資材価格の引き下げと低コスト生産技術の確立・普及
　　e．新たな担い手の育成や担い手のレベルアップ対策
　　f．営農・経済事業への経営資源のシフト

　これらのほとんどは、これまでのJA大会決議において何度も提起されてきた内容と大同小異です。その中には、あまり進展していない取組みもあります。たとえば、販売対策のbの分野においては、「ファーマーズマーケットを拠点とした販売の強化」では着実な成果を出しているのに対して、JA自体がリスクを負った買取販売や実需者に対する直接販売、業務用野菜販売における契約生産の取組みなどは、いまだに一部の先進JAや全農県本部に留まり、その進捗状況や拡がりの動きは鈍いようです。

　規模の大きい農業経営者や価格変動の激しい野菜作の農家、さらには新規就農者にとって、販路の持続的確保とともに農産物価格の安定は、JA共販に対して強く望む取組みの1つだと思います。ただし、「マーケットインに基づく生産・販売事業方式への転換」には、生産者のみが価格リスクを負う委託（市場）共販に比べて、長期契約に応じてくれる取引先の開拓や実需者のニーズに対応した品質・量目の生産指導、品目別・地域別・規模別の生産者組織化による安定供給体制の確立、販売リスク基金の創設等々、JAが背負う業務・資金・労力負担は格段に増えることになります。そのため、JA役職員にはよほどの熱意と覚悟とともに優れた人材が不可欠です。

　また、担い手対策のeにおいては、取組み課題が10項目も羅列されていますが、「農業者の所得増大」に対策の焦点を絞るなら、「農業経営管理支援事業」が中心的な課題になると考えます。「経営管理支援事業」

第6章 JAの経営革新と人材育成の課題

は担い手対策に留まらず、基幹的「担い手」の経営分析・診断により地域農政課題を抽出し、それら政策課題の優先順位も明確化にし、その結果として、実効性ある品目・地域別の地域営農ビジョンを描くことができます。

以上の営農経済事業の革新には、営農指導員等に対して、マーケティングや経営診断、地域農業マネジメントなどに関する専門的能力の向上が求められます。

他方、「地域の活性化」では次の3点を重点実施分野としています。

　g．地域実態・ニーズをふまえたJA事業とJAくらしの活動の展開

　h．正・准組合員のメンバーシップの強化

　i．准組合員の「農」に基づくメンバーシップの強化

このうち、「くらしの活動および関連事業」対策のgは、前回のJA大会で提起した内容をほぼ継承していますが、以前よりも整理して活動の焦点を明確にしています。なお、「地域の活性化」対策では、前回の「支店を拠点にしたJA地域くらし戦略」を引っ込めて、「支店を核とした『声を聴く』・『共有する』取組みの展開」を掲げています。そこには、組合員参加という協同組合原則に立ち返って、組合員目線で「くらしの活動」の中身を具体化していこうという狙いがあるように思います。

ただし、「くらしの活動」の領域は広く、その内容は漠然としているため、組合員の「思い」や「ニーズ」の「声を聴く」前にJA内部でまずやるべきことがあります。それは、各部署でバラバラに取り組んでいる現行の食農教育や生活文化（それも多様）、高齢者福祉、都市・農村の交流等々の活動について、当該JAの経営理念のもとに「支店を拠点にしたJAくらしの活動」の中にどのように位置づけ、部署間で分担・連携していくかを改めて明確にすることです。

支店の「くらしの活動」の現状では、活動の意義や目的に関して役職員内部で共通理解があるのかどうか疑わしい例も見受けられます。この点、JA福岡市（本書第5章で紹介）では、組合員（協力委員会）が作成している「支店行動計画」に、「食と農」に関する取組みを必ず含めて

101

いる実践例は大いに参考になるかと思います。

　また、「組合員参加」対策のhは、前回のJA大会議案では半頁くらいの言及に留まっていましたが、今回は多くの頁を割いており、この面での取組みの重要性を改めて強調したといえます。

　また、准組合員対策に関連したｉは、今回の組織協議案で最も注目すべき課題提起かと思います。具体的には、「農業振興の応援団」としての准組合員の位置づけや、JA事業・活動を通じた「農業振興の応援団」の取組みを提案しています。准組合員については、10年以上も前から農業振興の「応援団」「サポーター」「JAファン」というような呼び方をしてきました。ただし、それはまったく内実をともなっておらず、これまでのJA大会議案で「応援団」づくりの具体的な取組みを提示したことは一度もありませんでした。准組合員の多くは、信用・共済事業の利用や員外利用対策で増えてきたにすぎず、一部のJAを除けば准組合員対策での実績は皆無に近いと思います。この点で、JA横浜（本書第5章で紹介）が、支部組織に参画する准組合員1,800人を「把握准組合員」として、正組合員に準じた対応をしている取組みは注目に値します。

　以上の「地域の活性化」の取組みに関する3つの重点分野は、最近になって提起したJAの新しい事業・活動領域であり、特にJAの組織革新の方向性を示しています。その革新の「担い手」には、熱意や意欲とともに「組合員の顧客化」意識の転換を要求され、組織協議案では役職員の「意識改革」や職員に対する理念教育が強調されています。

◎ 2.「人材形成（育成）」の概念

　ところで、「革新を生み出す人材育成」というと、職員教育での狭い意味では「基礎・専門教育」に対して、課題解決や自発性・創造性を重視した「戦略教育」の強化ということなります。ただし、「人材育成」は職員教育に留まるものではありません。

　ここで、内部労働市場論でいう「人材形成」概念の含意を「技能（熟

102

第6章 JAの経営革新と人材育成の課題

図1 人材形成の概念

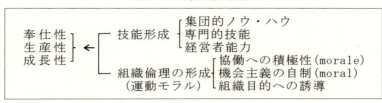

　練）形成」のみに狭く限定せず、労働意欲やモチベーションに深く関わる組織倫理（協働規範）の形成をも含めて捉えてみましょう。それは、現代組織論や日本的経営論が教えるように、個別経済組織の生産性・成長性には従業員および経営者の専門的技能や経営管理能力、あるいは集団的熟練だけではなく、協働への積極性（morale）や機会主義の自制（moral）、組織目的への誘導において、集団的な生産力を規定する組織構成員の協働規範も強く関係しているからです。特に農協内部組織における組織倫理の着目は、協同組合職員の二重性（労働者と運動者）理解とも関連します。このような農協経営の奉仕性、成長性、生産性と人材形成の諸関係を図式的に示すと図1のようになります。

　ところで、個別経済組織の人材形成の具体的内容は、直接的には組織内の教育・研修過程において捉えることができます。ただし、日本企業の内部労働市場の特徴に着目した実証的研究が明らかにしているように、人材形成は単に教育・研修過程に留まらず、ジョブ・ローテーション（異動・配置）や分配の方法（給与形態）、仕事の評価（人事考課）など労務管理的諸機能（内部組織における権限・仕事・報酬の配分）と深く関連しています。

　ここで、JA職員の人材形成過程を特に労務管理論的視点から、「調達・配置」「教育」「評価」「分配」の諸過程において捉えてみましょう。

　一般に労務管理論では、それぞれの管理過程を図2のように有機的な相互連関（人事・労務管理サイクル）において理解します。具体的には、各職能の労働力の「調達」（採用）、各部門への「配置」（異動・昇格）、当該技能や集団モラル等の「教育」（OJT、off-JT）、その成果として各

103

図2　人材形成の過程（人事・労務管理サイクル）

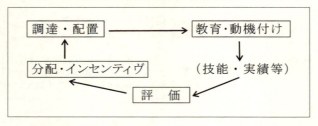

個人の業績・能力等の「評価」、その結果としての「分配・インセンティヴ」です。そして、これらの諸機能を担う制度が人事規則や人事考課規程、給与規程、教育研修規程、職能資格制度などになります。したがって、人材形成の問題は、「技能形成」や「キャリア形成」の領域だけではなく労務管理諸制度一般を含みます。

このような「人材形成」の観点から、JAの「経営革新」に関わるJA職員の専門職化と理念教育のあり方について検討してみましょう[※1]。

※1　農協固有の人材形成の課題については、拙著『農協の組織と人材形成』（全国共同出版、1999年）の第1章を参照して下さい。なお、図1および図2の概念図は、同書序章の同図の内容を修正しています。

3．専門職化の限界と系統内人事交流の意義

まず、「営農・経済部門の人材育成」に関して、組織協議案では、担い手の多様なニーズに対応可能な専門性の高い営農指導員の人材育成を掲げています。その具体的な対策として、複線型人事制度の導入を提起しています。職員に対する高い専門性の要請は営農指導員に限らず、厳しい競争環境に直面している金融・共済部門の担当者に対しても当てはまります。問題は、広域合併JAといえども、多事業の兼営形態のもとで職員の専門職化がどこまで可能かです。複線型人事制度の導入は、すでに第21回農協全国大会（1997年）でも提起されています。それから15年以上も経たJA職員の専門職化の現状について、JC総研「JAの人事・

第6章　JAの経営革新と人材育成の課題

労務管理総合調査結果報告書」（2015年3月）から見てみましょう。

　この調査時点は2014年8月末で、調査対象は従業員200人以上の421JAであり、回答数は369JA（回収率87.6％）です。まず、新規採用の方法に関しては、「一括採用」91.5％に対して「職種別採用」は13.4％に留まっています。また、異動配置の方針に関して、一般職の指導部門では、「現在担当業務の継続」23.6％（全部門平均11.2％）、「関連部門に異動」29.5％（同24.9％）、「幅広い部門に異動」25.7％（同40.7％）、「方針無し」21.1％（同23.2％）です。人事異動政策では、指導部門については専門性を考慮しているJAが多いといえます。ただし、そのJAの割合の状況は1996年の同様の調査結果とあまり変わりません。

　さらに、複線型人事制度の導入状況に関しては、「導入している」は19.0％に留まり、「検討中」23.4％、「予定無し」57.6％です。ただし、従業員1千人以上の大規模JAでは、「導入している」が43.3％と多くなります。その際、「導入している進路コース」では、「採用時は総合一般職で採用後に総合職と専門職に分かれる」が最も多く5.5％（従業員1千人以上JAでは10.0％）です。なお、総合職以外のコース（専門職・一般職）の全職員に対する割合では、0％が13.6％、5％未満30.3％、5％以上～10％未満13.6％、10％以上～20％未満13.6％、20％以上では28.8％（従業員1千人以上JAでは46.2％）です。

　以上のように、JA職員の専門職化については、営農指導部門で配慮しているJAがやや多いものの、専門職を制度化した複線型人事制度の導入となると、その普及はまだ一部のJAに留まっています。多事業を兼営する単協レベルでは、職員1千人以上くらいの経営規模でないと専門職制度の導入はむずかしい状況にあります。ただし、業務に対する専門性の要請は強まる一方であり、金融・共済事業と営農経済事業の異質性の大きさからして、せめて採用人事においては職種別採用に切り替える時代かと思います。

　ところで、単協の人的資源の制約を補完するのが中央会・連合会の役割ということになります。営農指導事業に関連しては組織協議案の中で

105

も、中央会・連合会は「県域担い手サポートセンター」に専門性の高い営農指導員を集約して、単協の営農指導体制を補完すると提示しています。ただし、JA職員の専門的人材育成という観点からは系統内人事交流のほうが望ましいと考えます。

　現状の系統組織内部における人事交流には、中央会および連合会等と単協との間で出向や転籍という「人材派遣型」があります。また、県連・中央会における共通運営体制や統一人事制度のように、県中央会を中心とした県連・中央会相互での人事交流で、県域組織間の連帯意識や共通理解、あるいは、県域レベルでの事業調整機能を期待するという「相互交流型」があります。さらには、かつての長野県や鹿児島県の旧営農指導員斡旋制度のように、専門職員を県中央会が統一採用して県下単協に斡旋する形態があります。そこでは、統一採用職員の配属先が各単協や県連等からの指名で決定されることから、「ドラフト型」の人事交流といえます。

　ここで、営農指導員の人材育成を県域で対応した例として、鹿児島県の営農指導員斡旋制度の歴史を簡単に紹介してみましょう。

　当県の営農指導員の斡旋制度の歴史は、1951年の「営農指導員配置選考委員会」を指導連（県中央会の前身）に設置したことに始まります。そして、62年に「斡旋職員管理組合」を設立し、戦後の営農指導員の人材不足や指導員資質の平準化を農協間の人事交流で解消しようとしました。70年代には、農協の直接採用者よりも県中央会の斡旋・紹介者が圧倒的に多く、営農指導員の採用者総数の8割以上を占めました。当時、鹿児島県では営農指導員を専門職として位置づけ、固有の教育研修体系と資格認証制度を導入していました。斡旋制度により、県下農協全体の営農指導レベルが向上し、農協間の高位平準化や県連と単協との一体的事業展開を進めることができたと評価されています。

　ただし、90年代に入ると単協直接採用への移管を進め、97年度以降は中央会では統一試験のみを分担することになります。98年度から新たに「営農指導員交流研修制度」（農協間の職員トレード制）を設けましたが、

第6章　JAの経営革新と人材育成の課題

同年度末で斡旋制度を廃止し、斡旋職員は在籍農協の直接採用に切り替えました。斡旋制度を廃止した理由は、広域農協合併により自前で営農指導員の養成や柔軟な異動が可能になったこと、また、営農指導員不足という創立当時の問題状況が解消されたことも大きいようです。

　現在、営農経済事業の革新を担う営農指導員には高度な専門性が求められています。また、先の複線型人事制度の導入状況が示すように、大規模JAでも専門職員の養成や処遇は容易ではなく、その意味で、専門職の人材を教育・研修制度や認証試験などで育成および資格化・権威づけ、JAを越えて県域でプールする発想は、高度な専門的人材の育成や処遇のあり方として改めて検討してみる意義が大きいと考えます[2]。

※2　農協職員の専門職化の制約や広域的人事交流の意義に関して、詳しくは上述『農協の組織と人材形成』の第3章、第5章を参照して下さい。

4．理念教育の要請とその意味

　前述のように、今回の組織協議案では、「組合員のメンバーシップ（組合員の活動参加）を強化するためには、まず「役職員の意識改革から」として、「農協運動者としてのJA役職員づくり」が強調されています。また、「組合員の顧客化」意識が強まっているとして、職員教育においては理念教育を組み込んだ階層別研修への参加率の向上が提起されています。具体的には、初任、中堅、監督者、管理者という階層ごとに理念教育のコマ（授業単位）の設置を掲げています。なお、全国JA資格認証統一試験においては、初級では「JA基礎」、中級で「JA事業論・協同組合論」、上級で「JA経営管理・農業協同組合論」のテキストが指定されています。

　ところで、理念教育の必要性の背景になっている「組合員の顧客化」問題の発生は、広域合併による大規模化や業務のマニュアル化、本店主導の事業運営等々の経営内部的要因だけに帰すことはできません。職員

107

の「組合員の顧客化」意識の強まりは、JAの組織・事業構成の変化から生じている面が大きいと考えます。

　一般に、協同組合の組合員にとって、その専従職員は、サービスの「提供者」、事業活動の「受託者」、組合員の「パートナー（支援者）」、運動の「オルガナイザー（誘導者）」という役割が期待されます。ただし、その位置づけは、事業・部門・部署によってもやや異なります。おおよそ、生活購買、信用・共済、利用事業部門は「提供者」、販売や生産資材購買事業の部門等は「受託者」、一部の渉外担当者（TAC等）や指導事業部門は「パートナー」、企画部門は「オルガナイザー」という相対的な性格づけができそうです。

　ここで、組合員が充実を望んでいる事業は、農村部のJAでは、当然ながら生産資材購買や農産物共販、農業施設利用、営農指導等の農業関連事業です。そこでは、農家・農業経済への貢献を通して多事業間の兼営効果が大きく、特に営農指導事業の展開がJA全体の事業活動の水準を左右しており、そのことは役職員および組合員の間に共通理解があると見て良いでしょう。その意味では、農家組合員にとってJA職員は「パートナー」ないし「オルガナイザー」としての役回りが強く期待されているといえます。

　ところが、JA管内の都市化が進展すると、組合員の望む事業は相続・税務対策や資産管理の相談業務、ローン情報の提供などが多くなります。大都市部のJAのように、非農家を対象とした金融・共済推進が中心となる事業展開の場合、その信用・共済事業は農村部のJAとは異なり、組合員組織活動や他事業との相互連関が弱く、JA職員は関連業務のサービス「提供者」として、端的に質の高い情報提供や相談機能のみが期待されます。すなわち、信用・共済事業の肥大化とともに「組合員の顧客化」意識が進展し、同時に職員にとってJAの組織目的や協同組合理念が見えなくなってきます。

　また、広域合併により中山間地や平地農村、都市部を管内地域に抱えながら、准組合員の増大と組合員間属性の異質化により、JAの提供す

るサービスに対する組合員のニーズや期待・満足水準は多様化してきます。それにともなう高齢者福祉や葬祭等のJA事業の多様化によっても、組合員間および職員間におけるJAの経営理念や組織目的の共有がむずかしくなってきます。

　要するに、「組合員の顧客化」問題は、現在の大半のJAが准組合員の増大と信用・共済事業の肥大化により、現行の農協法第一条で規定している「農業者の協同組織」「農業生産力の増進」および「農業者の経済的社会的地位の向上」という組織目的から乖離してきていることから生じています[※3]。

　このような情勢を背景に、第26回JA大会（2012年）では、今後のJA像は「食と農を基軸とした地域に根ざした協同組合」として、「多様な組合員・地域住民等が結集して、農業づくり・地域づくり・協同運動に参加することで、組合員のニーズが実現され、課題が解決されていく姿をめざす」と提起しました。

　そのJA像の方向は第27回大会の「組織協議案」でも継承・強化されており、特に「農業振興の応援団」としての准組合員の位置づけをさらに明確にしました。言いかえれば実質的な地域協同組合化の方向であり、組織目的を「農業所得の向上」に限定せず、「地域農業の保全・振興」や「食料自給、地産地消」という「共通のニーズ・念願」に、農業者だけでなく地域住民も賛同・共有し、その協同活動の輪を地域社会一般に拡げていこうという宣言です。

　ただし、「共通のニーズ・念願」の具体的な内容は、中山間地や主産地農村、大都市部など管内の立地条件を反映して多様なはずです。したがって、それぞれのJAが、協同組合原則に従い、JAの組織目的や活動方向を示す独自の「経営理念」を定義しなければなりません。とりわけ、准組合員（非農家）を多数抱える都市農協においては、地産地消や都市住民との交流、食農教育、市民農園、緑地・防災環境保全、景観形成等々という、都市農業の多面的機能の発揮に関連して、どのような協同活動や事業連携で取組むかをJAの経営理念や経営方針として内外に

提示する必要があります。そして、明確な経営理念があってこそ、「組合員の顧客化」意識の転換方向も定まることになります。

　なお、理念教育は階層別研修に留まるものではありません。経営理念を具体化した経営戦略や経営計画、「目指すべき職員像」（職員の行動指針）、管理目標などが、PDCAのマネジメントサイクルや前掲図2で示した「人材形成の過程」（人事・労務管理サイクル）で検証されることを通して、組合員の「パートナー」「オルガナイザー」としての「JAマン」が育成されることになります。（2015年10月号掲載）

※3　農協法第1条との乖離問題については、拙稿「農協法第1条の問題と改正方向」
　　　『農業と経済』（2015年7月号）を参照して下さい。）

協同を拡げる JA の取組み

第7章

くらしの相談員を通じた組合員との関係づくり
―JA 兵庫六甲の取組み―

竹谷 広地
兵庫県・JA 兵庫六甲　生活文化事業部（業務支援）マネージャー

1. JA 事業は、どう変わってきたか（現状と課題）

　JA 兵庫六甲は、平成12年に8市1町の9JA が合併して15年が経過した。合併前の JA は、都市部とその近郊に位置しているところが多く、市街化の波が押し寄せることに対して農業振興のための具体策が講じられていないような JA も多かった。

　私が入組した旧 JA は、大阪と神戸に挟まれたベッドタウンということもあり、市街化という大きく長期間のうねりに対し、行政・JA とも、成り行きに任せてきた結果、農地の多くが住宅や賃貸物件に姿を変え、信用・共済事業の業容拡大には有利に働いたものの、組合員基盤である正組合員農家が徐々に減少し、農家集落が姿を消す事態も起きた。

　特に、平成7年の阪神・淡路大震災以降は、組合員の震災復興にともなう資金需要などから融資が伸び、共済金支払いにより評価を高めた建物更生共済の契約が伸長し、更に信用・共済事業の業績を拡大させた。

　当時の正組合員農家と JA との関係は、長年にわたる取引を基礎にした親密な関係のもと、経済事業は予約を中心とした生産資材の共同購入、

113

行政に依存した農家への営農指導、県連合会主導の商品提供・事業展開であった。

　また、信用事業では、貯金や定期積金の獲得には力を入れるが、組合員の営農と生活の向上に結びつく融資については、漠然としたリスクへの警戒感と融資ノウハウを十分に持たないことから消極的で、県信連に預けていれば確実に収益になっていたというのが実態であった。さらに、市街化区域の正組合員が農地を手放せば土地代金がJAに入り、農地が減ることへの危機感よりも貯金が増えることを優先させてしまうような時代でもあった。

　信用・共済事業が好調であることは、JAの財務力を高め、経営の健全性を確保していくことに貢献したが、ともすればJAのための事業展開になってしまうことも多く、「協同組合であることの優位性を組合員との関係で構築できなかった」結果、組合員とJAの距離を遠くしてしまった面も否めない。

　それでも、合併前の単位JAは、すべての機能が支店で揃うことから、組合員にとっては、「1か所へ行けば大方の用件は片付く」という状態であったが、合併してJAが大規模になり、事業の効率化や組合員ニーズの専門化・高度化などへ対応するため、「事業単位の支店・センター方式」による業務の分業化が進み、組合員が目的によって相談先を選ばなければならない状況が「当たり前」になっていった。

　また、JAの渉外活動においても、年々事業推進にかかる実績管理が厳しくなり、渉外担当者は、より成果の出やすい「先」を中心に、契約獲得のため訪問するようになり、さらに「分業化」を埋める機能を果たさなくなってしまった。やむを得ないとはいえ、組合員からみれば、「自分は変わっていないのにJAが変わってしまった」といわれても仕方ない状況になっていたといえよう。

　従来なら、「支店に行って、納屋を建てたいと相談したら、計画から見積もり、資金の相談、建築後の建物の保障、肥料の納品場所の変更」など、一気に解決するのがJAの総合事業の強みだった。

第7章　くらしの相談員を通じた組合員との関係づくり

　ところが、JA のそれぞれの窓口に一から相談するのであれば、自分にとって都合の良い部分だけ JA を利用すれば良いと考えられてもやむを得ず、分業した各事業の「品質」が同業他社に見劣りするものであれば、JA をあえて利用するまでもないという状況を招いた。

　今、農協法改正による JA 改革の荒波が押し寄せている。当 JA の組合員にとって良くない方向で改変されようとしているにもかかわらず、正組合員からでさえ、この改正内容に強い「憤り」の声が上がらず、JA 界の一部からのみ「危機」と「自己改革」を叫ぶ声が聞こえてくる。この現象の基底にあるのは、近年の JA の存在価値が組合員の営農と生活にとって薄れてしまっている実態があると考えられる。

　しかしながら、JA の組合員・役職員すべてが、この危機に対する共通の価値観を共有し、すべての行動がそれを意識したものにならなくては、この危機を打開する「答え」にはならないと思われる。

　JA 兵庫六甲が、合併時から取り組んできた「くらしの相談員」制度は、この課題に対する「一つの解決策」となりえるものと考え、以下に、その取組み内容と展開方向を詳述する。

2．JA 兵庫六甲における「生活文化事業」とは

　JA 兵庫六甲は、「人・感動・緑のまちづくり」を経営理念に、営農経済事業部、資産管理事業部、生活文化事業部の三つの事業部、神戸・中・東の三つの地域事業本部を、企画管理本部が統括するというマトリックス体制を採っている（図1）。

　営農経済と資産管理事業は、組合員の営農と土地活用による所得の増大、そして家業を次世代に継承していくことに対し、「事業活動を通して支援する事業領域」であり、「組合員の手取り拡大」を究極の目的として活動する事業部である。

　それに対して生活文化事業部は、組合員が「事業」や「勤労」の結果得た所得等により生活していく上で、その「くらしをより豊かなものに

115

図1 JA兵庫六甲組織構成

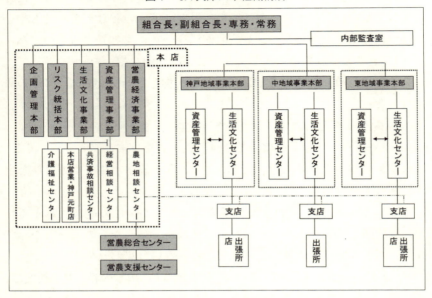

していくことを応援する事業部」である。信用・共済事業は、当JAの生活文化事業領域におけるパーツであり、生活文化事業領域の「使命」を実現するための「商品・サービス群」である。したがって、当JAには、信用部、共済部といった部署はない。

さらに、組合員のくらしをより豊かなものにする「さまざまな趣味のサークル活動や税務・相続などの知識向上、よりよい組合員組織活動展開のための学習活動」「健康管理活動」「食農教育活動」なども生活文化事業の領域とし、組合員の総合相談窓口を支店と位置づけ、従来の渉外担当者を「くらしの相談員」と命名し、信用・共済・生活文化活動・各種相談取次（資産管理・営農・税務・法務・協同会社利用等）における組合員の一次相談窓口として、支店毎に「地区担当総合相談員」を配置している。

くらしの相談員の主な業務は、信用・共済事業では支店事業目標から配分された個人目標を持ち、支店におけるすべての事業の渉外担当者と

第7章　くらしの相談員を通じた組合員との関係づくり

して相談活動と事業提案活動を行っている。また、相談員個人ごとの目標は、立地する支店の市場環境により異なり、くらしの相談員の活動の目安としての「行動基準」を「共通の標準目標」として定めてはいるが、市場性も異なることから一定基準により6タイプに分類し評価している。

　順位評価については、信用・共済事業に偏らず、JAの年度単位で重点とする事業項目や政策的に伸ばしていきたい項目、取次目標の評価としての「情報得点」を点数化し総合評価する。そのため、どれだけ信用渉外や共済LAとしての業績が高くても、バランスのとれた活動ができていない場合は評価されない仕組みとなっている。

　JA兵庫六甲の収益構造は、都市型JA特有の信用・共済事業依存体質であり、この二事業で事業総利益の8割強を占めるが、先に述べた「三つの事業領域」の概念、役割分担を念頭に、組合員からみて総合事業利用サービスが展開できるよう「支店」と「くらしの相談活動」を起点に事業を展開している。

3．組合員からみてJAはどのような存在なのか

　JA兵庫六甲の組合員数（団体・法人含む）は、平成27年3月末現在、正組合員31,494名、准組合員77,398名、合計108,892名である。近年は、農産物直売所の利用、住宅ローンの利用だけでなく、優遇金利定期貯金を利用目的に新規の准組合員が増加している。

　正組合員数は表面的には増えているものの、最近の農業センサスによれば、当JA管内の農家世帯数、農地面積は年々減少しており、生産農業者としての組合員数や管内の農業粗生産力は落ちてきている。

　このような環境変化のもと、JA兵庫六甲は、正組合員資格を平成17年に「農業従事要件」のみとし、合併以来取組む「一戸複数正組合員化」により新たな正組合員層の拡充に取組み、年々、その数も拡大してきてはいるが、JAのことを「自らの営農と生活、家業の継承に欠かせない協同組合組織として理解し、運営に参画し利用する」正組合員は減少し

117

ているというのが実感である。

　先にも述べたように、高度経済成長時代は、JAの規模も小さく、営農と生活にかかる事業を専ら利用する正組合員が取引者の大半を占め、護送船団方式の金融行政のもとで、他の金融機関、JAとも大差なく、どちらを利用するにしても違和感がない条件が揃い、JAも正組合員の事業利用に依存していれば事業量も確保できた。

　しかし、バブル崩壊、金融自由化、住専問題などを経て、JAが健全経営を維持する上で、信用・共済事業拡大路線を採らざるをえず、その前線に立つ支所・支店に、地域農業の振興に対する「目配り」が不足していたようにも思われる。

　一方で、正組合員農家は、市街化区域の都市化の流れに抗いながらも存続していくために環境に順応していった結果、「家」単位の農地と金融資産は分散し、JAの事業利用も散逸していった。さらに、それが農業者としての正組合員を減少させ、組合員基盤も縮小するという事態を生じさせた。JAは、正組合員家庭の事業利用の散逸を補完するため、員外利用や准組合員利用を拡大させていった結果、「巨大な准組合員という存在の組織化（参加・参画）」という課題を背負う形となったと思われる。

　当JA管内は3大都市圏としての市街化区域が多く、一般論として「正組合員≒土地持ち資産家」といえる。都市銀行や有力地方銀行、信用金庫など多くの金融機関が進出してきており、組合員にとって金融機関の選択肢は多様である。

　さらに古くからの付き合いのある組合員は、高齢化により世代交代が進み、「JAも金融機関の一つにすぎない」と位置づける組合員も増えてきた。実際に、他の金融機関の金融サービスや接遇・接客などが良ければ、無理してJAと付き合う必要はないと感じる組合員も多い。

　また、営農活動にかかせない生産購買についても、組合員は、ホームセンターや種苗店、農機店などを自由に選んで利用することができ、さらにIT環境が普及しネット販売などで、日本中、世界中のものが家庭

にいながら買える時代となり、組合員が個々の事業を単体でとらえるならば、JAがなくてもやっていける環境が実現している。

そのような環境変化の中で、「組合員がJAでなくてはならないと思うことができる」ことは何なのか。それは、「農業協同組合の本質は、組合員による組合員のための組織で営利を目的としない」という基本的価値を、組合員家庭（層）の「課題解決の中で実現する」ことが大切なのだが、それは目に見えるものではなく、実現も安易ではない。

また、日常の信用・共済事業中心の事業活動からは、その「発信」は十分には見えず、ましてや、今までかかわりの薄かった正組合員家庭の「次世代層」に「直接響く」訴えができているかとなると、さらに困難である。

それでは、「答え」はどこにあるのか。他の事業体になくてJAにあるもの、それは「組合員のさまざまな課題を総合事業体の力を結集して解決する」ことなのではないだろうか。

ところが実際には、JA側が事業間の壁を作り、専任制などを引いて自らの「強み」を弱いものにしてしまっているのではないか。極端ないい方をすると、一般論として、組合員から見て「身近な支店は信用と共済のことしかわからない。それでは銀行などと変わらない。営農センターに行くと支店が何をやっているかわからない。資材を買いに行っても在庫が切れており、ホームセンターに行った方が間に合う。おらが農協だったはずが、どうしたことだ」という状況が起こっている。

私は、そのような状況を解決する役割を担っていくことが「くらしの相談活動」であり「くらしの相談員」一人ひとりであると理解している。

4. くらしの相談活動の課題と今後の展開方策

JA兵庫六甲の「くらしの相談活動」は、「支店」を起点に組合員の総合相談窓口として、平成12年合併以来、これまで支店数を維持し、平成27年度は55支店に205名の「くらしの相談員」を配置している（図2）。

図2　信用共催推進要員相関図

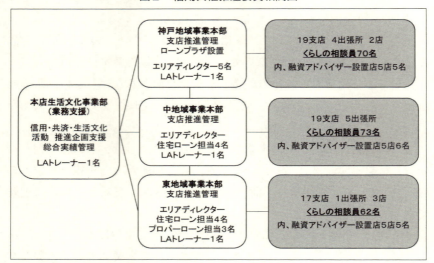

利用者基盤とする管内は、兵庫県の南東部に位置する神戸市と大阪のベッドタウンでもある阪神地域で、人口約325万人、8市1町の広範囲が対象である。

当JAでは、入組1年目は必ず内勤として養成し、2～3年目に「くらしの相談員」としてデビューするケースが多い。また、専門性を補完する機能として4名の「LAトレーナー」を地域事業本部と本店に配置。16名の「融資アドバイザー」を融資重点支店に、さらには不動産業者に対する住宅ローン推進を行う16名の「エリアディレクター」を地域事業本部に配置している。

くらしの相談員は、よろず相談員として総合性の発揮に重きを置いているが、エリアディレクターなどの職員は、くらしの相談員を十分に経験し成果を挙げた職員を充て、指導ができる専門性の高い相談員、特定チャネルの専門相談員としての役割を担っている。

そのような中で、「くらしの相談員」制度の課題としては、「事業目標を持って定められた地区を単独で担当」し、地区内の組合員の一次相談窓口として、集金活動、よろず相談活動（高齢者の安全・安心見守り活動

第7章　くらしの相談員を通じた組合員との関係づくり

なども含む）、事業提案活動を行っているが、知識や経験、モチベーションを背景にした格差があり、「担当地区間の相談活動の品質差」の克服が挙げられる。

　また、専門知識を必要とする業務が多いことから、積極的に研修・訓練し育成しているものの、業務範囲が広く、農村部や都市部など地域性により求められる知識・能力も異なることから、専業の競合他社に比べると見劣りする点があることも否めない。

　しかし、事業の総合性を担保する仕組みの一つである「くらしの相談活動」は、現状の課題よりも、その「方向性」が重要であると考えており、組合員からみて「庭先に来てくれるJAの総合窓口」の役割を「強み」として重視している。

　この「相談活動の品質向上」という課題解決のためには、たとえば、「地区担当総合相談員」としてのくらしの相談員制度を基礎に、専門性や広域性を意識し、利用者接点としてのチャネル単位に「専門相談員」を置く方向も指向している。

　先に触れた、融資アドバイザー、エリアディレクターの配置もその一環であるが、もう少し踏み込んで、複数の支店を束ねるエリアを仮想し、その単位で、「くらしの相談活動を指導でき、自らも相談活動を実践できる」シニア相談員（仮称）制を導入することも考えられる。

　また、複数支店を束ねるエリア単位で、標準的なくらしの相談員とは別に、集金活動や組合員高齢者の安全・安心見守り活動（組合員の安否や資格確認を含む）、JAの各種情報提供活動など、「組合員全戸訪問」を実現するための「よろずくらしの相談員」（仮称）の設置も考えられる。

　これには、キャリア開発制度（CDP）への組込みと研修・教育プログラムの設定、評価のための「行動基準」や表彰制度などの確立が必要となるが、複数のタイプによる相談員、重点チャネル（利用者接点）単位での相談員を、チームとして「複数支店単位でのエリア」で動かしていくことが、当JA版「エリア戦略」であると考える。

　これらの展開方向を基礎として、次のような組合員と支店との「実態

121

としての課題」を克服していく。

　まず、第一の課題として、都市部においてコアとなる組合員層は、正組合員であっても副業的農家または資産としての生産緑地、宅地化農地保有農家である。その軒数も近年急速に減少してきているが、一部には専業農家としてこだわりのトマトなどを生産し、直売中心に取り組んでいる生産者もある。そのような農家ほどJAに依存しない独自の発想で営農しており、JAとの関わりにメリットを感じていない。

　このような先には、税務相談機能の提供を通じて営農の継続や経営管理支援サポートも可能である。また、都市農業振興基本法の制定をふまえ、都市農地の保全としての資産管理相談の充実、円滑な農地承継のための遺言信託活用などを提案していく。

　二つ目は、正組合員農家と准組合員、農村と都市、田舎の支店と街の支店を結びつけることにより、当JAが掲げる「身土不二を基礎とした地産地消の農業振興」を実現するという課題である。そのため、准組合員を「地産地消応援団」として組織化し、都市部支店を地産地消の情報発信基地として充実させ、「信用・共済事業の拠点である支店」が、旬の農産物を販売したり、都市近郊大型直売所利用への誘客や都市と農村交流に取組み、生産者と消費者を結びつける役割を果たす。

　三つ目の課題として、真の「くらしの相談活動」を、どう実現するかである。まず、訪問活動の組立てとして、総合的に深く事業利用があり将来にわたって取引を目指すコア組合員利用者世帯（層）やJA運営の基礎となる総代、農会長、各種部会長、女性、青年組織代表、サークルの代表など、組織リーダーへの訪問活動が最重点となり、商品の単品利用者などへは来店促進活動が主眼となる。

　くらしの相談員は訪問の中で、月次・週次に訪問頻度をどう組み立てるかを意識していかねばならない。

　ところが、くらしの相談員によっては、集金が忙しいから相談業務に時間が取れないと言いわけをする者や、融資相談、土地活用などを受けると時間がかかり他の組合員訪問と両立できないから相談を受けlike

第7章　くらしの相談員を通じた組合員との関係づくり

どという者もいる。セルフマネジメントができない相談員ほど主体的な行動計画を作れない者も多く、組合員にとって満足する機能発揮ができておらず、個々のレベルアップは大きな課題である。

　また、共済事業の個人目標達成への意識を逆手に相談業務に取組めない理由にしている相談員もいる。共済商品の提案は、相談から入って利用に結びつく典型であることから、スキルアップ研修や個別指導を通じて、よりよき方向へ誘導し育成していくことにより改善が必要である。

　さらに、くらしの相談業務は、一般でいう「渉外業務」である。日々の渉外日報作成、訪問計画の作成、上司への報告・連絡、実績のデータ入力などの管理業務が付随している。これらは、既に着手している「日報」の電子化、提案〜成約にいたる書類の電子化、キャッシュレス化にスピードを上げて取組むほか、定型業務の分業化などにより、相談業務、提案活動に特化できるようなサポート態勢も整備する必要がある。

　組合員側の要因として、昨今、組合員家庭においても夫婦ともに会社勤めの方が多くを占め、通常の営業時間に面談できない家庭も多く、一方では、価値観の変化から、特に次世代層は家庭への訪問を敬遠する先が増えており、訪問先の膠着化が起きている。そのような先へは、休日相談会開催や変形労働時間活用による柔軟な訪問対応、窓口相談の強化により、「くらしの相談員チャネル」だけでない多様なチャネルの確立を目指していく。

　このように、当JAが掲げる「総合相談活動を通じて組合員の営農とくらしを守る」という理念を「くらしの相談活動」を通じて実現することは課題山積で容易なことではない。しかしながら、組合員とJAが共にあり続けるためには、事業間の垣根を越えた「くらしの相談員」の存在が不可欠であり、そのためにも、これら課題の解決に取り組んでいきたいと考えている。

5. 地域社会になくてはならない JA となるために

「JA 改革」の名のもと改正農協法が成立し、今後、JA 事業のあり方がより厳しく問われてくる。JA グループは、長年の積み重ねの中で地域密着の協同組織金融機関として巨額の金融資産を預かる存在となった。この度の急進的な JA 改革の論議が出た背景には、JA グループの資金力が、日本の農業振興に資する原資ではなく、JA グループの組織維持のための源泉と見え、農家・農業者の民意がそこにないと判断されたことも一因であろう。

一方で、日本の農業協同組合は、世界的に協同組合の優良事例といわれており、協同組合の理念のもと営まれる現在の信用・共済事業は、投資銀行などとは一線を画す存在であり、JA の利用者は協同組合としての JA に期待し、信頼して取引いただいていると確信している。

それを、不断に証明していくためには、当 JA が理想として掲げる「支店を起点にしたくらしの相談活動」を通じて、JA 事業が社会的に必要であり有益であることを、「JA 発」ではなく「利用者・組合員発」の声として世論を形成し、社会に認められる活動を展開することが必要である。

そのためには、利用者目線・組合員目線で、単品としての選ばれる商品・サービスを揃えるのは勿論のこと、組合員や利用者の立場に立った商品・サービスの提案チャネル（提案する場所、時間帯、接客・接遇、アフターフォローなど総合的な利用者満足を含む）の提供、組合員組織活動としての層別・目的別ふれあいの場や学習の場の提供など、JA ならではの活動を、支店などの「現場」で組み立てて実践していく、まさに「現場力」の発揮が求められるといえよう。その意味では、支店別の「実践計画書」策定から実践までの、確固たる「品質」向上が求められている。

また、改めて、「商品単体、事業単体の利用は高まっても、JA に対する必要性が高まったとはいえないのではないか」との危機感を持って、

第7章　くらしの相談員を通じた組合員との関係づくり

JAが、なくてはならない存在として、地域社会、国民経済、一人ひとりの組合員に対して、何をなすべきかを考えて事業展開を組み立てる必要がある。

　もちろん、個々の事業・商品・サービスの競争力強化は大切であり、専門分野に強い相談員育成は競合他社との選別に耐えうる能力を育成していく上で欠かせない。さらに、取引を入り口として、JAと接点を持ち組合員になった後に、JA事業の総合性を理解してもらい協同組合の仲間になっていただき、「一生涯の繋がり」が築けるよう組合員組織活動の育成が肝要である。

　JA兵庫六甲では、その要に「くらしの相談活動」を据え、その伝道師役を「くらしの相談員」に担ってもらいたいとの「想い」を託している。くらしの相談員全員が、まだその水準に達していないのは現実だが、今後もこの展開方策を発展させていくことが、地域社会発展への貢献と農業振興、あわせて組合員にとって必要とされるJAであり続けるために必要不可欠と考えている。（2015年11月号掲載）

第8章
JA京都にのくにの取組み

福井 雅之
京都府・JA京都にのくに　企画管理部部長

1. はじめに

　戦後、13,000組合以上誕生した総合農協は、経営の効率化や規模拡大を目的に広域合併を繰り返し、平成元年度には4,000組合を割り込み、平成15年度には1,000組合を切りました。この頃、大型JAが誕生する一方、組合員とのつながりの希薄化、事業推進に依存した経営の維持、農村部での人口減少、厳しい金利情勢による生命保険会社や銀行の破たん等、JAを取り巻く環境は大きな転換期を迎えていました。

　私たちのJA京都にのくにも、平成9年9月、綾部市、福知山市、舞鶴市の8総合JAと1専門農協が合併し、現在にいたっています。合併当初は、職員数も570名を数え（平成26年度末、正・臨含め357名）、施設も金融店舗だけで39店舗（同13店舗）保有していました。

　合併から、ここ数年にいたるまで合併の効果を上げるため、施設の統廃合、合理的な人員配置を行うとともに、事業推進力の強化を目指し専任の外務員育成と増員を行い、変化する環境に対応してきました。

　多くのJAが同様の経営戦略をとる中で、年々減少する事業量、事業

JA 京都にのくにの概況

組合員数	21,503 人	出資金	18.7 億円
正	13,340 人	販売品販売高	19.2 億円
准	8,163 人	購買品供給高	25.8 億円
役員数	25	貯金残高	1,514.8 億円
内常勤	5	貸出残高	338.6 億円
職員数	357	長期共済保有高	6,728.2 億円
内正職員	275		
組合員組織			
年金友の会	11,878 人		
女性部	1,146 人		
青壮年部	72 人		（平成 26 年度末）

総利益に対し、JA の各事業再構築のあり方について、中央会からは JAの特性を経営戦略の構成要素の中でどう活かし事業の再構築を図るのか、教育・研修等の場で投げかけられていました。

　この投げかけに対し、当組合は平成24年度、「組織活動の活発な JAは事業も元気」を合言葉に、役職員によるキックオフ大会を開催し、大会の中では、滋賀県立大学教授増田佳昭氏を講師に迎え、『支店活動の強化とくらしの活動』をタイトルに、「組織活動が活発な JA は事業成果も上がる」という組織活動と事業実績の相関関係についての講演の後、職員として、地域住民として地域活動へのかかわりが JA 事業に結びついた事例についてパネルディスカッションを行いました。

　また、女性部のサークル担当者から、「その活性化に向け取り組んだ結果、最近ではサークル活動の中で案内する信用事業や共済事業、購買関係では A コープ商品等、JA 利用の拡大に確実につながっている」という実践発表を行い、組織活動と事業実績の相関について確認しました。

　私たちの JA は、この日を機に「くらしの活動」の実践を経営の基本戦略と位置づけ取組みをスタートさせました。

　第25回 JA 全国大会において、JA の真の強みを生かした事業展開に「くらしの活動」が中心に据えられてから、当 JA の現在の具体的な態勢ができあがるまで 6 年が経過しました。今後「くらしの活動」への取組みを、我々の基本戦略としてしっかり使いこなせるよう、役職員、組合員

がさまざまな学習に取り組んでいるところです。

2．JA 京都にのくにの概要

　JA 京都にのくには、京都府中部から北部にかけて位置する綾部市、福知山市（一部他 JA の管内除く）舞鶴市からなる中丹地方を管内としており、北は日本海、西は兵庫県、東は福井県に接し東西56km、南北は50kmと面積は京都府の約27％を占め広大です。人口は京都府の総人口約260万人に対し、約14万人と５％余りで、農業就業者は65歳以上の占める割合が82％と、京都府全体の70％と比べかなり高齢化が進んでいます。

　一帯は丹波山地という典型的な中山間地を形成しています。管内を１級河川の由良川が貫流し日本海に注ぎ、海岸線はリアス式海岸となり、若狭湾国定公園に指定されています。このような自然環境の影響を受け、北部は日本海側気候であり、冬季は雨や雪が多く「うらにし」と呼ばれる気候が続きます。中部から南部にかけては、気温の高低差が大きく、山間部で降水量の多い内陸性気候となっています。また、秋冬季にかけては、時雨や降雪の日が多く、由良川の影響で「丹波霧」の発生する日も多くなっています。

　農作物の栽培には厳しい環境ですが、中丹管内では稲作を基幹に、小豆・黒大豆といった土地利用型作物に加え、果樹、茶、畜産など多彩な農業生産が行われています。農業産出額（概算）は117億円程度で、伸び悩んでいますが、「万願寺甘とう」や「紫ずきん」が京都府を代表するブランド京野菜として育っています。

　「京野菜世界ブランド化」戦略の一環として、JA グループ京都が２年前から毎年開催するフランス「ベルサイユ宮殿」、トルコ「トプカプ宮殿」、中国「宋慶齢故居」での世界３大料理と京野菜の競演である晩餐会にも食材として提供しました。

　茶については、由良川改修により茶園面積は減少しているものの、近年若い新規就農者が増えつつあり、法人化組織が設立されるなど産地拡

大が進みつつあります。また、全国茶品評会では、4年連続の農林水産
大臣賞を受賞するなど、品質の高さが評価されています。

　昨年、近畿自動車道（舞鶴若狭自動車道）、今年は京都縦貫自動車道が
全線開通し、京都市内はもとより、北陸、関東地方へのアクセスも整備
されました。

◯ 3.「くらしの活動」の推進体制の特徴について

　JA京都にのくにの「くらしの活動」の推進体制の特徴は、「くらしの
活動」がJA経営の基本戦略に据えられていることに加え、「くらしの
活動推進プロジェクト」の構成メンバーであるくらしの活動推進員会の
委員長を専務が努め、委員長の計画に基づき進められているため、役職
員が一体となって取組める環境が整っていることだと思います。そのた
め、職員の認識が組織活動と事業活動について比較的バランスが取れて
いるのではないかと考えています。

「くらしの活動」の推進体制について

【くらしの活動　推進員会】
【役割】基本方針決定、組織内外・部門間連携・調整、人材派遣、進捗管理
【委員長】専務　　　　【委員】常務、本店各部長、事業推進本部長、統括支店長
【事務局】企画管理部　【事務局長】企画管理部長

提案　　　　　　　　　　　　　　　指示

【くらしの活動　推進担当者】
【役　割】活動の企画・提起、活動の対応窓口、組合員ニーズの把握
【担当者】本店／信用・共済・営農・経済・生活指導・旅行・広報部門の担当者
　　　　　支店／支店長、統括営農経済センター長、ふれあい課長、女性部・年金友の会
　　　　　青壮年部・各部会組織等の事務局担当者、＊にのくにアクティブ委員、等

＊にのくにアクティブ委員会
目的／社会貢献や活力と魅力のあるJA組織づくりなど、部門・分野にとらわれない幅広い
活動について、各委員の主導による企画立案・提案・報告など実施に向けて取り組む。
委員／各部・支店より推薦された16名で構成し、専務が委嘱する。

第8章　ＪＡ京都にのくにの取組み

　「くらしの活動推進委員会」は、平成22年第25回京都府ＪＡ大会において「くらしの活動」がＪＡにとって組織基盤の維持・強化とＪＡ運動への理解促進をはかる重要な活動として大会決議の３本柱の一つに位置付けられたことを受け、「くらしの活動」の推進・強化に向けて、府段階に設置されたものです。委員会の構成メンバーとして、ＪＡからは専務が指名をされ、併せて、ワーキングチームとして「くらしの活動推進プロジェクト」も設置されました。

　ＪＡ京都にのくにも、このようなＪＡグループ京都の動きに呼応して前述の推進体制を作りました。ここから専務を中心とした「くらしの活動」への取組みがスタートすることになりました。

4．組合員学習・職員学習についての考え方

(1)組合員の協同組合学習についての考え方

　ＪＡ京都にのくにの組織基盤である組合員の状況は、高齢化の進行により、今まで中心となってＪＡ運動に参加していた組合員がリタイヤし世代交代が進んでいます。そこでは、離農にともなう正組合員世帯の減少と准組合員の増加が顕著となり、多様な組合員に対する運営参画の促進が必要となっています。

　そこで、組合員の運営参画の仕組みとして、女性部、生産者部会、青壮年部の組織枠総代を設け、総代会で意見・要望の表明を行ったり、座談会や常勤役員との懇談会を開催し、組合に対し意思表明できる機会を設けています。このような機会にしっかり意見表明ができる組織のリーダーや後継者の育成がないと、組合員の運営・参画の仕組みも生きてきません。

　また、各支店には、非常勤理事を委員長とし、総代や組織・地域のリーダー的存在から構成される支店活動活性化委員会が設置されており、地域や各組織の要望や課題を総代会や理事会を通じ組合に表明できる仕組みが設けられています。このような仕組みは「協同組合」そのもので

131

あり、そのことをしっかり理解し、運営参画の輪の拡大に積極的に取組む組合員を育成しなくてはなりません。その育成に向け最も重要なのが「協同組合学習」だと考えています。

(2)職員の協同組合学習についての考え方

前述した組織基盤の変化にともない、組合員のJA離れ、顧客意識化、協同組合について理解度の低下は当然のように進みました。職員も世代交代が起こり、コミュニケーション能力の低下、事業縦割りの進展による組合員に対する顧客意識の醸成と協働者意識の低下が起こっています。本来、職員は組合員との協働者として、組合員と協同活動を実践しなければならない役割を担っているのです。職員は、協同組合の存在価値やJAに集う意義を学ぶことで、JA運営や協同組合活動への理解を深める必要があると考えています。

組合員の組合への運営参画の仕組みを作っても、職員が協同組合を理解していなければ、よき協働者となることはできません。協働者・運動者を育む「人づくり」の一環として、職員の協同組合学習が必要だと考えています。

5．組合員・職員の協同組合学習

(1)組合員学習の場

JA京都にのくにでは、協同組合学習の考え方に基づき、さまざまな形態の学習活動に取り組んでいます。組合員が参加する学習の場として、総代会に向け女性の視点で意見をまとめる女性総代研修会、総代の役割と参画意識を高める総代研修会、地域住民としてJA運動に理解を深めるための准組合員総代研修会等を開催しています。また、JA運動の次世代を担う組合員育成に向け継続開催する組合員講座「にのくに未来塾」を開講しています。「にのくに未来塾」は、年5回の講座を2年間受講するもので、開催中に出る受講生の意見も講座に反映しながら実施しています。

これらの研修会や講座では、必ず統一テーマとして、「地域の概況」「組合の概況」「組織基盤の変化」「基本戦略」等について確認をし、JA京都にのくにの運営についての考え方や方向性とその根拠となる背景について統一認識として学習し、組合員のJA運動への参加・参画の必要性について確認します。

また、組織のリーダーや総代等、参加対象者は毎年変わりますが、平成23年の年末から毎年末、組合長を座長として「新春座談会」を開催し、組合員組織の現状や今後の願い、JAに対する思いや要望等を語っていただき、翌年1月の広報誌「夢彦ふれあいだより」にその様子を掲載しています。第4回を迎えた平成26年末の座談会は、趣向を変え青壮年部の若手3名と、JAグループ京都が主催する中堅職員を対象に将来の幹部候補育成として行う「コア人材育成研修会」で教育を受けた3名の職員で、「地域になくてはならないJAをどうつくるか」というテーマで、パネルディスカッションを開催しました。

(2)職員の学習の場

職員の協同活動についての学習は、JAの現状や運営方針について認識を統一する役職員大会や管理職大会、地域の農業や特産物について学習することで組合員の生活に理解を深める目的で開催する農業研修や特産物理解促進研修会を行っています。

また、次代を担う運動者の育成の場として、職員講座「にのくに次代塾」を開催しています。この講座は、所属長が推薦する入組5年以上・係長級以下の職員で、自己啓発に意欲のある職員約20名で開講しています。1期1年、年間5回の講座ですが、毎回テーマを与え次回講座までにレポートを提出をさせ、卒業論文と併せ成績優秀者4名程度を役職員大会で表彰します。運営と講師をコア人材育成研修会修了生が努めることで、受講者と運営者双方の学習の場としています。当初の開講から3年目となる27年度は、受講対象を課長級まで引き上げ、「人づくり」に適した職場づくりについて学習します。

JAが職員に対しJA運動の理解者育成を目的にこのような学習の場

を設けていますが、基本的には組合員対象の各講座のサポートや社会貢献活動への参加、農業や地域活動など「くらしの活動」を通じ、協働者として組合員をサポートできる「人づくり」を中心に取り組んでいます。

6. 支店協同活動への取組み

(1)まずは支店長から

　JA京都にのくには、平成9年の合併当初、39の支店と連絡所・出張所併せて22の施設を配置していましたが、順次統廃合を重ね、現在13支店となっています。施設の統廃合前は、地域とのつながりも強く、学校や自治体等が主催する催し物への参加も含め密接にかかわっていましたが、施設の減少にともない、その付き合いも希薄化していくことに加え、今までのように各事業を通じ組合員のくらしを立体的に把握することができなくなりました。

　平成22年JA京都府大会決議を受け「JAグループ京都くらしの活動推進委員会」が発足したことに併せ、当JAにも平成23年度「くらしの活動推進プロジェクト会議」が立ち上がりました。プロジェクト会議の中では、支店の推進担当者に支店長を任命しており、まず支店長が「支店協同活動」の重要性を理解することが重要になってきます。

　そのため「組合員の組織活動への運営・参画」が昨今のJA批判を跳ね返し存続・発展につながること、事業・組織活動の拠点は「支店」であることを学習するため、支店長会で3回のシリーズを組み、「不易流行」をスローガンに組織活動と事業実績の相関関係について学習し、最終回は「くらしの活動」を①総合力を発揮した事業活動の展開　②多様化する組合員のJA運営への参画　③活力ある支店・職場づくり、の3つのテーマについて分科会を開催し今後の具体的な取組みについて協議し、支店ごとの平成24年度に向けた「実践計画」を策定しました。

(2)役職員での共有に向けて

　JA京都にのくでは、毎年4月全役職員で役職員大会を開催し、そ

の年の各事業部門の方針と目標について確認と、達成に向け意思統一を行っています。

翌年平成24年は、世界的な金融・経済危機の下で「市場原理主義」の問題点が明らかとなり、人々が出資し民主的に運営する事業体としての協同組合の役割が期待されているとし、国連はこの年を「国際協同組合年」と定めました。当JAも改めて平成24年度を"人・組織・地域の絆"を深める3つの活動元年の年とし、組合員・役職員が、協同組合の意義と役割について再確認し、地域社会の人達に存在価値を高め、協同組合の仲間と理解者を増やしていく取組みを組織的、計画的にスタートさせました（協同組合運動の再認識元年）。

組織的な取組みであることを全役職員が共有する場として「JAの総合力を発揮した『くらしの活動』の展開」と題し、「くらしの活動キックオフ大会」を開催しました。この大会では、組合員組織活動がJA運動の強みであること、その活性化はもとより組合員による自主的な運営を基本として、組合員全員が何らかの組織活動・サークル活動に参画することでJAへの帰属意識の向上を図り、JAの事業の活性化につながることを確認しました。（組合員組織活動の活性化元年）。

また、組合員組織活動の活性化をJAの総合力を通じ支援する取組みを「くらしの活動」と定義し、支援活動を強化するため各事業間の連携と調整機能を強化した推進体制の整備と今後の具体的な展開方法や事業化に向け検討を進めることを併せて確認しました（くらしの活動の再構築元年）。

(3)活動の方策

① 「組合員組織活動の活性化方策」

 a 組織・部会の枠組みを超えた連携強化と、取組みに対する地域社会への広報活動の強化

 b 組織・部会の「女性会員ネットワーク」による食・農の情報発信・農産物の販売促進・農産物の加工品販売など、女性のパワーや視点の活用

c　食育・直売・加工分野など、新たな目的別組織や利用者組織の再構築

d　JA利用者が自主的に参加・学習できるサークル活動などを通じ、若年層・次世代・女性層・消費者への接点強化

e　増加する准組合員に対し、組織・サークル活動への誘導による帰属意識の高揚

② **「くらしの活動の展開方策」**

くらしの活動を、

a　組合員組織の活性化、組合員大学、女性大学等協同組合学習の強化、准組合員の参画等を促進する「組合員組織育成・強化活動」

b　健康寿命100歳プロジェクトの実践、軽スポーツの普及、会員型旅行の企画、日本型食生活の普及を図る等の「生活・文化・健康増進活動」

c　高齢者見守り活動、助け合い組織の拡充・強化、買い物弱者への対応へ取組む「高齢者生活支援活動」

d　各種相談機能の充実、後継者育成活動の強化等を図る「くらしの活動」

e　農産物消費拡大運動の展開、体験農園の開設、家庭菜園講習会等に取組む「食農教育活動」

f　地域防犯・交通安全啓発活動、環境保全活動、各種社会貢献活動を展開する「地域づくり活動」

の6項目に分類・整理し、各支店は以上の分類の中から重点項目を絞り込み支店ごとに策定した実践計画「1支店1活動」の実践を目標に掲げ取組むことを確認しました。

　平成24年度のスタートに当たり、今後「くらしの活動」が「協同組合組織の特性を活かした事業再構築」の基本戦略として役職員で取り組んでいくことを統一認識としました。

第8章　ＪＡ京都にのくにの取組み

⟲ 7．支店協同活動の中心は「支店活動活性化委員会」

　平成24年度から、ＪＡ京都にのくに統一の実践目標として取組む「1支店1活動」がスタートしました。この年の活動目標は、地域児童の通学時の見守り、ゴルフ、グラウンドゴルフなどのスポーツ大会、清掃活動、地域行事への参加、来店時のおもてなし等支店職員が企画し、活動の中心となった取組みで、まず職員が実践し・実感する年と位置づけました。

　平成25年度の役職員大会は、昨年、組織活動の活性化に向けた取組みについて意思統一をした「キックオフ大会」と併せ、各事業の方針と、目標の達成に向け支店協同活動に取組むことを確認しましたが、平成25年度は役員の改選時期であるため、新任役員が支店協同活動について理解を深める場が必要でした。また、そこを機会に、役員も支店協同活動に積極的に参加する年と位置づけました。

(1)役員研修会

　6月に新体制としてスタートした25名の役員全員参加の下、7月30日から一泊二日で長島温泉に出かけました。今回の研修会は、新体制の結束と併せ、非常勤理事の役割について理解を深める内容としました。研修会では、三重大学名誉教授（現龍谷大学教授）石田正昭氏を講師に招き、非常勤理事の役割について次のことを確認しました。

　非常事は、常勤理事を選出し、業務執行者としての常勤理事を監督することに加え、選出母体である支店の活性化に注力しなくてはならない。特に、組合員がＪＡ運営に関与するためには「ＪＡと組合員の情報の共有」が必要であり、そのためには、ＪＡと組合員の距離を縮めなければならない。非常勤理事の役割は、まさにそこにあり、地域の組合員・組織のリーダーとならなくてはならない。

　具体的には、

　　①　地域組合員や組合員組織の代表として、支店・組織などとの連

137

携による事業・組織活動に関与しなければならない。

② 選出母体組織と意思疎通を図り、意見要望を吸い上げ、提言しなくてはならない。

③ 多くの組合員や利用者との接点を深め、JAへの期待や意向を把握しなければならない。

④ 地元理事が主催する、新たな「(仮称) 支店くらしの活動活性化委員会」などの活動を通じ、支店管内の総代・組合員組織などのリーダー的な役割を発揮しなくてはならない。

以上4項目について取組むことが、任期3年間における使命であることを参加者全員で確認しました。

当JAにおいて、非常勤理事の役割として個別に各支店の行事や活動に積極的に関与することを依頼したのは今回が初めてでした。従来から継承されてきた非常勤理事の業務量に比べ、格段にボリュームは増えることになりますが、この時積極的な賛同をいただいたことが、④の「(仮称) 支店くらしの活動活性化委員会」が、後に「支店活動活性化委員会」としてスタートする際の非常にスムーズな滑り出しにつながりました。

(2)支店活動活性化委員会

平成25年10月、支店活動活性化委員会が各支店に発足しました。この委員会は、委員会が主体となり、地域や組合員、女性部や年金友の会、青壮年部などの組合組織が抱える希望や課題について共有し、事業活動だけでは直接解決できない要望を、自らの運動で解決することを目的に立ち上がりました。

委員長を地元理事が努め、運営委員 (自治連合会長に委嘱)、営農委員、総代、組合組織の役員等から選出された10名前後で構成しています。

●活動の内容と進め方

まず、年度当初委員会を開催し、一年間の取組み項目を決定しますが、ここでの議論が運動の展開に最も重要になります。活動の目的が「JAの事業活動では解決できない…」となっているので、昔のJAと比較をして支店等の施設配置や職員の数・質等に対する細かいことも含め、

JAの事業に対する不足や不満が数多く出されます。

議論が進むにつれ、組合員の生活様式や地域の変化等、JAを取り巻く環境の変化に鑑みると、「JAばかりに無理をいうわけにはいかない、今出た意見の中から一つでも我々の取組みで解決しよう」という精神で活動の内容が決定されます。こういった議論を重ねて決定された活動は、初めからイベントありきで立てられた活動よりも実のあるものになりますし、次の取組みへの発展も大きくなります。

立てられた活動計画は、年間スケジュール表に落とされ、イベントごとに企画書が作成されます。また、1年の計画は総代会資料に掲載され、次年度の取組みとして承認を受けます。

活動の内容としては、来店者がくつろげるサロンやギャラリーの設置、グラウンドゴルフなどの健康増進活動、野菜市・バザー等の開催、野菜栽培の講習会、市場や直売所等への視察研修、地域行事への参加、支店祭りの開催等が主だったところですが、婚活ツアーを実施したブロックもありました。

また、全支店統一で行う活動として、懇談会の開催や各行政の福祉に寄付をする目的で行うチャリティーバザーがあります。懇談会では、農協改革やJA自己改革等のテーマを設け、研修や組織討議を行います。

創設から3年目を迎えた今年度は、支店協同活動推進大会を開催し、各支店の活動計画の確認や優良事例の活動報告を行い、支店に人が集まる場づくりの企画実践について学習しました。また、講師に石田教授を招き「京都にのくに　支店協同活動への期待」というテーマで記念講演いただき今年度の決意を固めました。今後は、支店活動活性化委員会に理事や総代の選考、後継者の育成機能を付与していく予定です。

8．地域住民参加のきっかけづくり

JA京都にのくには、准組合員を地域の農業振興や活性化に取組むJA運動のパートナーとして位置づけ、JA運動への理解と運営への意思反

映を目的に、今年度当初「准組合員総代」を任命しました。当JAの准組合員比率は約37％と全国平均に比べまだまだ低いのですが、これは、JAが地域に根差す組織として、JA運動の理解者をもっと増やす必要があると考えているからです。

　昨年度実施した組合員（准組合員含む）アンケートの「JAは、農業・地域にとって必要な組織」「農業（生産者）と地域社会（消費者・利用者）が、連携・共存する組織形態を望む」「多様な組合員や幅広い組織による、JAへの意思反映や業務執行体制を望む」という回答結果にも裏打ちされます。

　准組合員の管内人口に対する比率は約15％と決して高いものではありません。地域住民のもっと多くがJA運動に賛同する組合員としてJAを利用して欲しいと考え、地域住民を対象に、農業の担い手の発掘や育成を目的に農業塾「野菜の学校」や女性リーダーの育成・次世代対策として女性大学「フレッシュミズ・カレッジ（50歳以下対象）」「プラチナ・カレッジ（50～65歳）」、食農教育・次世代対策として親子農業体験「農ふれあい教室」等を実施し、地域住民とJAの接点づくりを行っています。

9. おわりに

　平成27年度も上期が終了しようとしています。平成24年度から、「JAの特性を活かした事業の再構築」を図るため、基本戦略として取り組んできた「くらしの活動」も3年半を迎えます。職員の取組みから始め、順次組合員主導の活動を拡大させてきましたが、その参画者がまだまだ少ないのが現状です。

　10月に第27回JA全国大会、11月にはJA京都府大会が開催され、次期3か年計画の重点実践事項が示されます。JA京都にのくにも、改正農協法に位置づけられたJAの役割を、我がJAの組合員の意向をしっかり汲み取った取組みで果たせるよう、組合員が参加・参画する活動の渦を今以上に大きくし、JA京都にのくにを挙げた活動になるよう、下

第8章　ＪＡ京都にのくにの取組み

期を締めくくっていきたいと考えています。

　また、組織活動と事業活動への取組みのバランスについてですが、組織活動への取組みが、事業成果と効率よく相乗効果を生んでくれるよう、昨年から新たに「経営管理の高度化」への取組みをスタートさせました。この取組みは、まさに事業目標を行動管理を主体に達成しようという、成果に直接コミットする活動です。スタートしたばかりの活動のため、行動計画も直接成果を上げるための「基本的な計画」が中心となっていますが、最近行動計画を検証する中で、行動計画自体を「くらしの活動」と位置づける発想が現場から出始めています。

　JA京都にのくにの「くらしの活動」への取組みの歴史はまだまだ浅いものですが、先進JAでの実践事例や、関係各位からいただいたご指導に背中を押していただき、ここまでたどり着きました。今後ますます組合員の参加・参画を促していこうと考えていますが、「JAの現状と課題を組合員と共有するため、組合員にしっかり伝えていくことが常勤役員の大切な仕事。併せて、組織活動が活発になると、さまざまな意見や要望もたくさん出てくる。職員はその声に耳を傾けながら、時として経営的観点から組織維持に向けた方向に誘導できる力も身につけなければならない。その教育を行うのも常勤役員の仕事」と常々専務から教えられます。

　私たち職員も、JA・役員の意思・戦略を現場に反映し、組合員の参画を協働者として支えられる高い意識と専門性を身につけた「役員の分身」に成長することを目標に今後も進みます。（2015年12月号掲載）

141

第9章

躍動する JA 女性部が核となり地域活性化をプロデュース
―JA 静岡市女性部美和支部の取組み―

小川 理恵
一般社団法人 JC 総研　基礎研究部主席研究員

1. はじめに

　政府主導の JA 改革が叫ばれる中、JA グループ自らが、己の使命を詳らかにし、目指すべき方向性を見極める必要に迫られている。

　本書序章の中で、石田正昭氏は次のように述べている。

　「JA の現代的使命は、農家家族（土地持ち非農家を含む）が求める"営農"や"くらし"への自らの関わり方、あるいは到達したい状態について、選択の幅を広げ、実現の可能性を高めることにあります」

　石田氏はこの、JA の現代的使命にかかわる取組みを「社会的目的」、その社会的目的を実現するための手段としての JA 事業の経済性を高める取組みを「経済的目的」と位置づけた上で、「社会的目的」と「経済的目的」とが、「トレードオフ（二者択一）の関係」に追い込まれることなく、「この2つの目的を両立」させるために、「組織革新、事業革新が日常的に行われるような協同組合の活性化、あるいは組織体と事業体の自立性確保を図ること」こそが、「協同組合がなすべきこと」である、と論じている。

143

筆者は、石田氏が指摘する、「社会的目的」と「経済的目的」の両立を実現するにあたり、組織活動と事業活動の触媒となり得るのが「女性」ではないかと考える。

　安倍政権が進める経済政策、いわゆるアベノミクスにおいては、盛んに「女性活躍」が謳われ、女性の社会参画を後押しする政策が数多く打ち出されている。わがJAグループでも、その流れを受けて、JA運営への女性参画指標として、正組合員25％以上、総代10％以上、理事など役員2人以上、という数値目標が掲げられ、少しずつ効果をあげているところでもある※1。

　しかし、そもそも農業の現場においては、労働の過半を女性が担っているという現実があり、農業従事者が組織する協同組合であるJAグループにとっては、政府が女性活躍を標榜するか否かにかかわらず、女性パワーは無視できない存在であるはずである。そして何よりも、農村女性たちは、農業の担い手であると同時に、地域に暮らす生活者・消費者の代表でもあり、そのような意味で「経済的目的」と「社会的目的」の両面からJAを捉えることのできる貴重な主体である。

　だからこそ、数値目標という狭い視野に留まることなく、実際の農業の現場やJAの経営、そして何よりも、JAが基盤を置くそれぞれの地域の活性化を考えたとき、女性たちの持つ影響力がいかに大きいかということに、今一度注目する必要がある。

　そこで本稿では、JAにおける女性活動の受け皿である「JA女性部」を取り上げ、JA女性部の組織活動が、事業活動の一面も持ちながら地域全体の活性化を実現している、JA静岡市女性部・美和支部の直売所「アグリロード美和」の取組みを紹介したい※2。

　その成り立ちや発展過程の中に、JAグループが今後の方向性を探る上での、新たなヒントが隠されているのではないだろうか。

※1　2015年7月末現在の目標の達成状況は、正組合員20.86％、総代8.1％、役員2人以上のJAは501となっている。女性役員（理事、経営管理委員、監事）は1,306人で、1年前に比べて29人増加している。「正組合員25％以上」「総代10％

第9章　躍動するJA女性部が核となり地域活性化をプロデュース

以上」「理事等2人以上」のいわゆる"3冠JA"は前年より7JA増えて、79JAとなった。
※2　本稿は、元JA女性部美和支部長で、アグリロード美和の代表およびJA静岡市の理事を務める海野フミ子さんへのインタビューと、現地調査（共に2015年9月24日に実施）を中心に執筆したものである。

2. JA女性部の強い意思から生まれた「アグリロード美和」

　JR静岡駅からバスに揺られること30分、茶畑に囲まれた静かな山間地にたたずむ「アグリロード美和」の看板が見えてくる。アグリロード美和は、JA静岡市女性部美和支部の女性部員が自主運営する農産物直売所兼加工所で、平成8年12月の設立から、はや19年を経ようとしている。
　「アグリロード美和」立ち上げのきっかけは、平成7年当時、JA静岡市女性部美和支部の支部長を務めていた海野フミ子さんの問題意識からだった。「女性部員の目減りが激しく、このままでは女性部の存続はむずかしい。なんとかしなければ」。そこで海野さんはJA静岡市美和支所の望月正己支所長（当時）に相談を持ちかけ、話し合いを重ねた。

アグリロード美和外観

その結果、女性部組織を根底から見直し、従来の組織体制から脱皮して、フレッシュな感覚で新たな体制整備をしよう、という目標設定がなされたのである。そして平成7年10月、各地区（4地区）からの代表者15名とJAの職員5名からなる、女性組織再編へのプロジェクトチームが発足した。

　プロジェクトチームでは、平成9年度から新たな体制に移行することを目指して、『家の光』や『日本農業新聞』をテキストにした勉強会などを熱心に行った。

　新しい女性部の体制づくりを検討する中で、特に重点的に取り組んだのが、全部員に対するアンケート調査であった。プロジェクトチームがとり決めた結論を一方的に押し付けるのではなく、部員一人ひとりの意見を新しい体制づくりに生かしたい、という思いがあったからだ。

　アンケート調査の結果、一番要望が高かったのが、「朝市をやってみたい」という意見だった。折しも、農産物の輸入自由化で、農家の収入が目に見えて減少していたことに加え、輸入された農産物の安全性に対する不安も高まっていた。そこで、「自分たち農家の女性が安全・安心な野菜を生産し、消費者に提供したい、そしてそれを通して農家の手取りも増やしたい」という農業者としての、また、食卓を預かる主婦としての当然の思いがアンケート結果に現れていたのである。

　プロジェクトチームでは、早速、朝市の情報を集め、女性部メンバーで先進事例に視察に出かけるなどして、朝市のオープンに向けて動き出した。

　一方で、農村地帯に位置する美和地区では、ただ農産物だけを店頭に並べても、そうそう売れるものではない。そこで、加工品を作って売上げを少しでも伸ばそうと、JAに加工センターの設置を働きかけた。

　当初は、「加工所を造っても、お茶の生産に忙しい女性たちでは、稼働率が低くなるのでは」と、なかなか理解は得られなかった。しかし、「自分たちがなんとしてでもがんばって運営するから、とにかく造ってほしい」と何度も交渉を重ね、やっとのことで加工センターの開設にこ

第9章　躍動するJA女性部が核となり地域活性化をプロデュース

加工センター

ぎつけた。

　朝市の出荷者を募ったところ、美和支部の女性部員198人のうち、半数に当たる100人が名乗りを上げた。この100人を7〜8人のグループに分け、日替わりで朝市と加工を担当してもらうこととし、各グループに対しては8,000円の日当を支払うことに決まった。

　こうして、平成8年12月7日、JAの農業祭にあわせて、朝市と加工センターがオープンした。朝市はJAの軒先にコンテナを並べただけの簡素なもので、営業も土日の午前中だけという限定的なものであったが、開店当日の売り上げは、会員からの持ち込み野菜などが6万1,850円、弁当などの加工品が3万3,850円、合計で9万5,700円となり、思いも寄らない成果にメンバーたちは大喜びだったそうである。結果として、営業1年目の販売額は1,000万円に上った。

　朝市開設から2年後の平成10年には、Aコープ隣の薬局が撤退したため、その空き店舗を借り受け、常設の女性部販売所「アグリロード美和」として新たな一歩を踏み出した。この移転を機に年中無休の営業となり、売り上げは1,000万円から8,000万円にまで上昇した。さらに平成18年には、Aコープの閉店を受け、そこを売り場として面積を拡張した。

　現在、アグリロード美和は年商1億円を超えるまでに成長し、開設当

147

初は100人だったメンバーも、150人にまで増加している。一番多く販売している人で年間約350万円を売り上げ、多くの出荷者の販売額は100万円前後である。年間5万円の売り上げを達成したメンバーには、お正月用品がプレゼントされるなどの特典も用意されているそうである。

アグリロード美和の年会費は1,000円で、入会するには、JAの女性部員になることと、月刊誌『家の光』を購読することが条件となっている。そのため、減少傾向にあった女性部員数も、アグリロード美和の発展とともに増加し、現在では美和支部だけで210人を数えるまでになっている。

◯ 3．消費者との交流の場「生消菜言倶楽部」を立ち上げ

このようにアグリロード美和の活動が順調に進展した背景の1つに、消費者との交流事業がある。

アグリロード美和では、開設当初から、収穫体験の場を設けるなど、消費者との交流に力を入れてきた。その理由は、「ただ農産物を売り買いするだけではなく、農産物本来のおいしさや農業の現実を消費者に知ってもらい、応援者になってもらいたい。そしてまた、自分たちも消費者の思いを理解しなければアグリロード美和に新たな展開はない」と考えたからだ。

そこで、平成13年に、アグリロード美和、JA、静岡市、県、消費者がメンバーとなり、農業体験を通して、野菜について本音で語り合うためのグループ「生消菜言倶楽部」を立ち上げ、本格的に消費者交流事業に乗り出した。「生消菜言」とは、生産者（生）と消費者（消）が農産物（菜）を通して、人間の基本的な活動である「食」について語り合おう（言）という意味と、清少納言の『枕草子』の中に静岡市「木枯の杜」に関する記述があることをかけて、名づけられたものである。

生消菜言クラブの集まりは月に1度で、午前中は農業者と消費者が一緒になって農作業をし、お昼にはアグリロード美和で、お弁当やバイキングなど、季節ごとに工夫をこらした手作りの昼食をふるまう。そして

午後からは意見交換会などを、じっくり時間をかけて行っている。

　生消菜言倶楽部立ち上げ当初、消費者から、アグリロード美和で販売している手作りみそ650円という価格は高すぎるのではないか、という意見が出された。しかし、遊休農地で大豆を育て、収穫した大豆を材料にみそを造る工程を体験する中から、650円ではむしろ安いこと、そして、無農薬だけにこだわっていたが、農薬を適正に、限られた時期に使用するのならば害はなく、かえってよい大豆が作れるのだ、ということを消費者は理解してくれたという。

　一方、アグリロード美和のメンバーたちは、消費者の意見と実際の購買行動にはギャップがあり、そのギャップを埋めるには農作業を実体験してもらうことが一番効果的で、その繰り返しにより消費者の理解が深まるということを学んだ。こうした地道な活動の積み重ねから、生産者と消費者との良好な関係が構築されていったのである。

４．消費者との連携が新たなチャンスに～「生消菜言弁当」

　そのような中、生産者と消費者との連携から生まれたのが「生消菜言弁当」という弁当である。

　生消菜言倶楽部の活動の中で、ある消費者グループから「農家はいつも安く農産物を売ることはないよ。農産物に付加価値をつけて、高級弁当を作ってみては……。」という提案が上がった。美和地区は田舎で、弁当といえばせいぜい数百円程度でなければ売れないと決めつけていた女性部メンバーにとっては、１食1,000円もする弁当を作ったところで誰にも相手にされないのではないか、という不安があった。しかし、「完全注文制でやったらどうだろうか。自分たちが宣伝をするから」と、消費者に強く背中を押され、弁当の製造に踏み切った。

　メニューも消費者と一緒になって考え、特に弁当箱については、「見栄えのよいものを」という消費者側のこだわりを生かし、１つ180円（当時）もする黒塗りの弁当箱を採用した。

149

生消菜言弁当

　なぜアグリロード美和のメンバーたちが、消費者からの意見をすんなりと受け入れたかといえば、それまでの交流活動の中で、消費者との深い信頼関係が結ばれていたことはもちろんのことだが、アグリロード美和での「自分で値段を付けたものが、その値段で売れた」という成功体験から、消費者が望むのならば、その値段に見合ったものを作って販売すればいいのではないか、という前向きな結論にいたったからだという。
　こうして、生産者、消費者、両者の思いが詰まった、完全予約制の地産地消弁当「生消菜言弁当」が誕生した。
　消費者たちは、当初の言葉どおり、各人が所属するサークルや集まりなどで率先して弁当を注文し、評判は口コミで広がった。
　また、アグリロード美和でも、JA静岡市の組合長に協力をあおぎ、静岡市長のもとへ弁当を届けてもらって、市長がおいしそうに弁当を食べる様子を新聞記事で取り上げてもらうなど、メディアをうまく利用した宣伝を率先して行った。その結果、評判が評判を呼び、年末の御用納めの際などには、行政からの注文が殺到して、対応に苦慮するほどの人気となった。
　当初は1〜2年のブームで終わるのではと心配していたが、生消菜言弁当は、平成15年の販売開始から現在にいたるまで、一貫して年間4,000食から5,000食を売り上げるアグリロード美和の代表的な加工商品

第9章　躍動するJA女性部が核となり地域活性化をプロデュース

となった。平成26年には、農林水産省が主催する「第7回地産地消給食等メニューコンテスト」の「外食・弁当部門」で、最高位の農林水産大臣賞を受賞している。

　この他にも、消費者のアイデアから名産のお茶を使った「煎茶のサブレ」などのお土産品も開発された。加工品が順調な伸びを見せたことで、開設当初心配された加工センターの稼働率はほぼ100％となり、アグリロード美和全体の売上げを押し上げる結果となった。それはそのまま、メンバーたちの収入となり、農村女性の経済的な自立を促すことにつながった。

5.　農業やJAと、消費者・地域をつなぐパイプ役に

　アグリロード美和が手がける活動はそれだけではない。「食育」に着目し、JA青壮年部の協力のもと、美和地区の小学生とその家族を対象とした「生消菜言ジュニアフェスタ」を企画し、ビニールハウスの見学や地元の食材を使った料理体験、試食会を毎年開催している。また、地元の小学校へは、給食の食材として、サツマイモなど6品目の採れたて野菜や手作りみその納品も行っている。さらに、地域の団地住民を対象とした料理教室や牛乳パックを利用したプランターづくりの勉強会を、団地の集会所までメンバーが出かけていって開催している。

　このように、アグリロード美和は、地域住民との交流を率先して行い、自らがパイプ役となって、農業やJAへの理解を醸成している。

　さらにまた、加工を行う上で欠かせない衛生管理について、講習会を頻繁に開催するなどの気配りを常に行い、活動の足下を固める一方で、「環境保全型農業」の先進事例への視察を実施するなど、新しい取組みにも果敢にチャレンジしているところである。

151

6.「農」を軸とした地域のキーステーション〜アグリロード美和の成果

アグリロード美和の活動の成果として、次の4点が挙げられる。

まず一つめは、アグリロード美和が、JA女性部員の居場所づくりに貢献していることである。JA静岡市美和支部長だった海野さんが、JA女性部の衰退に危機意識を持ち、新たな女性部の体制づくりという目標が掲げられた。その中で、女性部員全員へのアンケート調査を行ったことから、朝市の活動が始まっている。地域女性の思いを丹念にくみ上げ、一人ひとりが活躍できる場を創出したことで、アグリロード美和には、多くの女性たちが集まり、力を結集させることができた。

アグリロード美和の出荷者になるためには、JAの女性部員になることが必須条件となっているため、それまで非会員だった地域の女性たちがこぞってJAの女性部に加入し、女性部は命を吹き返した。一方で女性たちは、出荷や加工事業の取組みの中で、自分の得意分野を生かし、そこに自分の存在価値を見いだしたのである。

二つめは、アグリロード美和が、地域女性の経済的な自立を促したことである。アグリロード美和で農産物を販売した場合の売上金や、加工を担当した際の給料は、本人名義の口座にしか振込めない決まりになっている。お金を手にするようになった女性たちは、おしゃれにも気づかう余裕ができ、非常にきれいになっていったそうだ。経済的な自立とともに、家庭内での発言権も大きくなり、これまでは家族に気がねして出ることがはばかられていた勉強会や研修会に、堂々と出席できるようにもなった。

女性たちが生き生きと輝くようになったことで、男性たちの協力も得られるようになった。そしてその結果として、JAの中に、女性総代、女性理事が誕生することになる。それが三つめの成果である。

アグリロード美和の開設当初は、「余計なものを造ってくれたおかげで、うちの母さんが外出ばかりするようになり、茶畑の作業が進まない」な

第9章　躍動するJA女性部が核となり地域活性化をプロデュース

どと文句をいってくる男性もいた。しかし、アグリロード美和の活動が波に乗っていくにつれ、女性たちがみるみる元気になっていき、いつしか男性たちから「いいものを造ってくれてありがとう」という感謝の言葉が寄せられるようになったという。

同時に、朝市から始まったアグリロード美和の一連の取組みを見る中から、「これからはJAの運営に女性の力を生かしていかなければならない」という発想がJA内部にも生まれた。そしてJA静岡市では、平成12年という早い時期に、502名いる総代の20％の男性に退いてもらい、女性総代に入れ替える、という大技を実現させている。アグリロード美和のお膝元の美和地区では、実に3分の1が女性総代であり、それは地区男性の理解の賜物であるといえる。

女性総代たちは、地区総代会の前に必ず勉強会を開き、質問事項を事前にとりまとめ、誰が質問を行うかの役割分担をするなど、熱心に取り組んでいる。そしてその女性総代たちが、今度は地域に女性理事を誕生させるインキュベーター（孵化器）となった。現在JA静岡市には、海野さんを含め、3名の女性理事が誕生しており、女性ならではの気づきをJA運営に生かしている。

最後に、四つめとして、アグリロード美和が、農業やJAと消費者・地域住民とを結ぶパイプ役となって、地域全体を多面的に活性化していることを重要なポイントとして挙げたい。

アグリロード美和では、消費者交流事業の「生消菜言倶楽部」、地元の小学生とその家族を対象とした「生消菜言ジュニアフェスタ」、団地の集会所で行う「出前講座」、といった活動を通し、消費者や地域住民とのかかわり合いを深める中から、JAや農業への理解を醸成している。消費者交流からは「生消菜言弁当」というヒット商品が生まれ、地域のブランド力を高めるきっかけにもなっている。

一方でアグリロード美和への出荷を目的に、さまざまな農産物が新たに生産されるようになり、地元の農業も少しずつ元気になっていった。

アグリロード美和の成功を受けて、静岡県下では農産物直売所が相次

153

いで開設されるようになり、JA静岡市でも、農産物直売所「じまん市」4店舗が開店した。そしてさらに、アグリロード美和の取組みが他の支部へ伝播し、各直売所の加工部門を、JA女性部のそれぞれの支部が担うようになったのである。1つの成功事例がJA女性部全体の活動指針となり、女性活躍の場が地域全体に広がったことは特筆すべきである。

このように、アグリロード美和は、JA女性部の活性化を促したことはもちろんのこと、JA女性部内部に留まることなく、組織活動と事業活動の両面の色を帯びながら、「農」をめぐる地域のキーステーションとなって、地域全体を底上げしている。その波及効果は想像する以上に大きいといえる。

7. おわりに

アグリロード美和の代表でJA静岡市の理事を務める海野フミ子さんは、平成19年に、内閣府男女共同参画局が実施する「女性のチャレンジ賞」を受賞した。アグリロード美和の活動を通した地域活性化への貢献や、JA静岡市初の女性理事として、女性のJA経営への参画機会拡大のきっかけとなったことなどが受賞の理由である。全国から8人の女性が選ばれたが、農業者としての受賞は海野さん1人だけだったという。

「アグリロード美和は、多くの儲けを目指しているのではないんです。ここには女性たちの居場所があり、たくさんの仲間がいる。農業、家族、仲間、そして地域をつなぐのが私たちの役割です。これからもこの活動を発展させて、仲間づくりを進めていきたい。」

海野さんはこのように語ってくれた。

アグリロード美和がそうであるように、女性が主体の活動の多くは、利潤だけを追い求めておらず、「この地域をなんとかしたい」「仲間とともに楽しみたい」といった、女性のなかに芽生えた内なるモチベーションが活動の原動力となっている。だからこそ、少しの売上げでも喜びを感じるし、または多少の赤字が出たとしても、「もうちょっと続けてみ

第9章　躍動するJA女性部が核となり地域活性化をプロデュース

よう」とがんばれる。その懐の深さと粘り強さが継続性を生み、地域全体の活性化や経済性にもつながるのである※3。

　JAの事業を、経済効果の高いもの、つまり儲かる事業とそうでない事業とに2分化し、ともするとJA女性部のような生活文化活動を軽視するという間違った認識が根強く残っている。しかし、アグリロード美和の実践からもわかるように、JA女性部の活動が農業を元気にし、地域のキーステーションとなっている事例は全国に数多く存在している。その事実を見逃してはならない。

　JAグループ全体が事業形態を組み立て直す必要に迫られた今、地域の女性たちに今一度光を当て、そのパワーを本気で活かす覚悟を持つ必要がある。そこに、JAグループの新たな可能性が秘められているのではないかと考える。（2016年1月号掲載）

※3　小川理恵『魅力ある地域を興す女性たち』（JA総研研究叢書10）農文協、
　　　2014年3月、第8章「内発力の発現と成長モデル」参照

〈参考文献〉
『15周年記念誌　アグリロード美和のあゆみ』アグリロード美和、2012年
小川理恵『魅力ある地域を興す女性たち』（JA総研研究叢書10）農文協、2014年3月
石田正昭『農協は地域に何ができるか　農をつくる・地域くらしをつくる・JAを
　　　つくる』（シリーズ　地域の再生10）農文協、2012年10月

第10章

「食と農を基軸として地域に根ざした協同組合」を実現するために

北川 太一
福井県立大学経済学部　教授

1．JA 全国大会決議の今日的意義

　昨年（2015年）秋に開催された第27回 JA 全国大会における決議『創造的自己改革への挑戦―農業者の所得増大と地域の活性化に全力を尽くす』では、これからの JA グループが「食と農を基軸として地域に根ざした協同組合」を目指すことが、改めて確認された。「改めて」と述べたのはいうまでもなく、前回（2012年）の大会決議『次代へつなぐ協同―協同組合の力で農業と地域を豊かに』においてもこのことが示されたからである。

　前回の大会決議では、「食と農を基軸として地域に根ざした協同組合」を実現するために、「地域でおぎないあい、外とつながりあう協同」、ならびに「支店を核に、組合員・地域の課題に向き合う協同」を実現することが重要な課題として位置づけられていた。前者は、「内向き、一方通行」の組織から「外向き、双方向」の組織へ転換することの重要性を、後者は、合併して大きくなった組織の中に小地域を単位とした協同活動（小さな協同）を育む姿勢を示したものと理解することができ、これらは

今日においても重要な取組み課題である。

　しかし、こうした JA グループが決定した将来像にもかかわらず、依然として新自由主義、行き過ぎた市場原理主義と呼ばれる嵐が吹き荒れている。ここで「新自由主義」「行き過ぎた市場原理主義」とは、政府の役割を最小限にして規制の緩和・撤廃を行い、個人・企業が自身の利益（私益）のみを追求するために他者と競争しながら自由な経済活動を行うことが、個々の経済主体はもとより社会全体に最大の利益がもたらされるという考え方をいう。

　たとえば、「農業の担い手は大規模で企業的な農業経営体が少数存在すればよい」という主張がある。こうした主張は、これまでの「制度」（法律と、長年大切にされてきたルールや慣習の両方をさす）を既得権益と見なし、これらの即時撤廃を促しながら民間企業の自由な参入を求める。そして、自由な経済活動を平等かつ効率的に行うために、多様な価値観や地域の風土を否定して、あらゆるものを平準・画一化することが望ましいとする。農畜産物の関税撤廃、食の安全基準の大幅な緩和、金融や医療、投資や労働力移動等の無秩序な自由化を求める大国主導型のTPP（環太平洋戦略的経済連携協定）は、このような考え方をグローバルに押し進めようとするものであろう。

　とりわけ注意すべきは、こうした農業政策の基調が JA に対する批判、協同組合の存在否定と結びついている点である。たとえば、農業に直接関係がないとみなされる JA の信用・共済事業を分離せよという主張は、さまざまな事業を営み、きめの細かい活動を展開することによって組合員のくらしを守る協同組合としての使命を否定している。あるいは、ごく少数に限定された大規模で企業的な農業経営体を構築するためには、小規模営農や農外収入に依存する兼業農家を正組合員とし、農地を所有しない土地持ち非農家や准組合員が過半数を占める JA の組織構造が許し難いものとして映る。立場を超えて一人ひとりを大切にするという理念に基づく一人一票制への疑問や、准組合員制度を廃止し、ガバナンスも含めて特定のプロ農家のみで構成された "農業専門事業体" を設立す

第10章 「食と農を基軸として地域に根ざした協同組合」を実現するために

ればよいといった主張も同類である。

　こうしたJA批判、協同組合否定の主張は、協同組合が農業者や消費者といった特定の人たちのための利害者集団であり、協同組合が行う事業を一般企業が行うビジネスと同じであるとみなしているのであろう。

　ところが協同組合は、組合員の利益のみを追求することを使命とはしていない。また協同組合の事業は、決してそれ自体が目的ではなく、私たちの思いや願いを実現するための手段である。民間の企業が行うビジネスと同じように見えても、その根っこには組合員のくらしの要求（ニーズ）に基づき、一人では実現困難なことを顔と顔が見える関係を重視しながら組織活動を展開し、職員が協働しながら大きな力に変えていくところに協同組合事業の特性がある。そして、こうしたプロセスを経て展開される事業は、広く社会的にも関与していくという性格を有する。

　もちろん、日本農業の発展のためには企業的な農業経営体も必要である。また、経済が成長していくうえで一定程度の効率性や競争も重要な意味を持つであろう。しかし、私たちが目指すべき農業の将来像、実現すべき社会の姿は、こうした価値観のみに収れんされるものではないはずである。

　JAグループが、今回のJA大会で再度「食と農を基軸として地域に根ざした協同組合」を目指すとしたことは、上述のような、きわめて単純、ある意味"わかりやすい"論理への対抗であると捉えるべきである。そこで次に、こうした観点から、今回のJA大会で示されたJAグループが目指すべき姿、すなわち「持続可能な農業の実現」と「豊かでくらしやすい地域社会」を実現するための取組み課題について考えてみたい。

2. 持続可能な農業の実現

　ここでは、「消費者の信頼にこたえ、安全で安心な国産農畜産物を持続的・安定的に供給できる地域農業を支え、農業者の所得増大を支える」JAの姿が描かれている。持続可能な農業とは、多様な担い手・個人が

広い意味での農に関わり、次代、次々代に渡って、農の価値が守られていく姿であろう。こうした背景の一つとして、特に水田営農の現場において急ピッチで進められた農地集積や効率性・経営体化を重視して特定の人のみに作業・運営などを任せるしくみが構築されてしまった結果、地域の数多くの人たちにとって農に関わる機会が失われつつあるという状況がある。そこでJAは、多様な人たちが地域の農に関わることができるような方策を施すことが重要になる。

たとえば、いわゆる農業の6次産業化推進の議論は、「農業は成長産業」「農業の自立化・成長産業化」という名のもとに、民間企業の関係者が手ぐすね引くような販売金額規模最重要視の方向性が、しばしば強調される。しかし、そうではなく、たとえ規模は小さくともやりがいを持って地域のさまざまな人たちが農や食に関わる機会を作る、地域に根ざした6次化を積極的に進めることが必要である。

また「消費者の信頼」に応える農業を実現するためには、生活者としての感覚を持ち、くらしに根ざした食のあり方に問題意識を持つ人たちの参加を進めることが不可欠である。特に、農業（いわゆる農村女性起業も含めて）に打ち込む女性とJAとの連携、JAへの参画を促すことは、消費者視点に考慮した多様な担い手づくりの観点からも重要であろう。

3．豊かでくらしやすい地域社会の実現

ここでは、「総合事業を通じて地域の生活インフラ機能の一翼を担い、協同の力で豊かで暮らしやすい地域社会の実現に貢献している」JAの姿が描かれている。そもそも協同組合とは、くらしのニーズに根ざして事業や活動を行うところに特徴があるが、ここでくらしとは、営農も含めて捉えることが重要である。農業に従事して所得を得る行為は決してそれ自体が目的ではなく、農業者や家族にとってより良いくらしを実現していくための手段である。だからこそJAは、営農面の事業のみに注力するのではなく、組合員のくらし全般に関わる多様な事業を展開して

第10章　「食と農を基軸として地域に根ざした協同組合」を実現するために

いるのであり、信用事業や共済事業も含めた JA の総合的な機能発揮の意義は、この点にある。

さらに「総合事業」ということは、活動と事業とが相互に連関するという意味として捉えるべきであろう。

たとえば、JA 女性組織をはじめとする活動の多くは、くらしに必要な商品の開発や地産地消、食農教育、近年では女性大学などへの展開があり、時には活動と事業が連動しながら支店などを単位とした小地域で展開しつつあるところに特徴がある。こうした小地域での活動に取組むことが、地域の拠りどころを作り、多様な人間同士のつながり、顔と顔を合わすことや助け合いの関係を産み、生活機能の発揮やセーフティネットの構築へとつながっていく。したがって、これからの協同活動は、地域の女性・消費者などにも積極的にアプローチし、多様な個人の活動参加を促すことが必要である。

4.「食と農を基軸として地域に根ざした協同組合」の実現に向けて

(1)基本的考え方

協同組合の存在目的が、組合員のくらしに根ざした思いや願いを、事業を通して実現し、その社会的目的を追い求めていくことにあると理解するならば、JA における思いや社会的目的の中心は、当然「農」である。そして農の持つ特性が、農地という面的な広がりや農村という空間的な広がり、さらには地域に住む人びとのくらしとそこで成り立つさまざまな制度や慣習との関わりが深いことを考えるならば、農に根ざした協同組合の存立基盤は地域を抜きにして考えることはできない。

この意味において、「食と農を基軸」にすることと「地域に根ざす」こととは強く関係している。したがって、「食と農を基軸」にするために、農の範囲を食および農が営まれる地域社会まで広げて捉えることによって、多様な農業が共存することを認め合い、消費者（食）と生産者（農）とが結びついたコミュニティ（単なる面的な地域という意味ではなく、思

161

いや願い、志を通したつながり）の創造を目指すことが重要である。

　多くの人が農業・農村を応援する、人的交流や経済的な取引を通じて主体的に関与する、こうした協同の拠点づくりにJAが積極的な役割を果たすことが求められている。特に、①農業に専門的に従事する農業者、②農業生産にはそれほど携わっていなくとも加工や販売など、農や食をキーワードにした小事業を展開している人たち、③農や食に関心を持ち、食農教育や女性組織が展開する目的別の活動、あるいは女性大学などの活動に参加する人たち、さらには④地域の新鮮な農産物を求めてファーマーズマーケットを利用する地域住民や、あぐりスクールなど子どもを対象とした活動の参加者（子どもや保護者など）、こうした人たちにJAは積極的にアプローチし、彼ら／彼女らの声を聴きながらJAの事業や運営に活かしていく必要がある。

　「地域に根ざした協同組合」という表現も、今日的に大変重要な意味を持つ。歴史的な経過の中で地域協同組合という言葉が、いつの頃からか協同がはずれて地域組合と呼ばれはじめたことに象徴的なように、単なる事業（特に信用・共済事業）の伸長を目的とした地域住民の利用促進や、員外利用規制に対処するための措置として准組合員の加入が促進されたことは否定できない。農の観点を軽視し、営農面以外の事業を推進していくための方便として地域組合という言葉が用いられたことも事実であろう。

　しかし、今日においてJAグループが目指すべき方向は、単なる地域組合ではなく「食と農を基軸とした」地域協同組合である。つまり、一人でも多くの人が日本の農業・農村を応援する、できれば人的交流や経済的な側面から主体的に関与する、こうした協同活動の拠点となるようなJAづくりが求められているのである。

(2)取組み課題

　このように考えると、JAが「食と農を基軸として地域に根ざした協同組合」を目指すという場合、少なくとも次のことに取り組まなければならないであろう。

第10章 「食と農を基軸として地域に根ざした協同組合」を実現するために

一つは、管内の地域住民（世帯数）に対する正・准合わせた組合員比率を高めるという量的な側面である。

既存のJA事業の単なる利用者として地域住民にアプローチし組合員加入を促進するのではなく、地域の農業や食の問題に関心を持つ人たちを積極的に准組合員として迎え入れるべきである。あるいは、こうした組合員にJAが目指している理念や食と農に関する学びの場を意図的に提供することも重要であろう。上述のようなファーマーズマーケットの利用者、家庭菜園や市民農園に関心を持つ人たち、これまでは農業に従事してこなかった定年帰農者、食農教育やあぐりスクールに子どもを預ける保護者、女性・協同大学の受講者などを地域の農と食の応援団として位置づけ、積極的に協同の仲間として迎え入れることが必要である。

二つには、地域住民全般のくらしはもちろんのこと、学校教育との連携やエネルギー・環境問題との関わりなど、地域の公益的な領域へのアプローチである。

組合員が有する共通の利益の実現、すなわち共益性を有する協同組合は、公益的な領域の展開には限界がある。ただしJAの場合は、農の持つ地域公益性、さらには地域のくらしや資源・環境問題との関わりの多さを考えると、一定程度この領域に取組むことができるはずである。

以上のことも踏まえて、三つには、JAの経営トップが「食と農を基軸として地域に根ざした協同組合」を目指すことをはっきりと宣言し、当該JAの理念として明確に掲げるべきである。その際、信用や共済事業も含めた営農面以外の事業を展開すること、あるいは地域住民を准組合員として積極的な加入を進めることが、地域の農と食を育むために大きな可能性を引き出すことを前面に示す必要がある。

5．三つのJAの事例から

―くらしに根ざした総合的な事業展開、活動と事業、地域との結びつき―

本書第7章から第9章に掲載された三つのJAの事例（JA兵庫六甲、

JA京都にのくに、JA静岡市)は、「食と農を基軸として地域に根ざした協同組合」としてのこれからのJAのあり方を展望するうえで、多くの示唆を与えてくれている。

　まず、JA兵庫六甲とJA京都にのくにでは、事業の専門性の追求の結果生じてしまった縦割り体制の弊害を除去することが、一般の民間企業が有さない協同組合らしいJAの事業や運営を展開できるという判断(確信)がある。そのための重要な方策が「くらし」に基づいた職員の意識改革と事業や活動展開であろう。

　たとえば、JA兵庫六甲では、事業の効率化や業務の分業化を進めたことが「組合員が目的によって相談先を選ばなければならない状況」を常態化させ、結果として「JAの存在価値が組合員の営農と生活にとって薄れて」しまったという。こうした問題を解決するために、営農経済事業および資産管理事業と並んで信用や共済も含めた「くらしをより豊かなものにしていくことを応援する」生活文化事業を確立し、これらの事業本部を三つの地域事業本部で縦横に編むという体制を作り上げた。そして、組合員と正面から向き合い、そのニーズを把握し、それをJAの事業や運営に活かしていくフロント職員として「くらしの相談員」や「地区担当総合相談員」を配置し、JAが有する総合事業体としての特性を強みにすべく事業展開が行われている（115頁参照）。

　また、JA京都にのくにでは、「組織活動の活発なJAは事業も元気」を合言葉として、「くらしの活動」を経営の基本戦略として明確に位置づけ、組織活動と事業についてバランスの取れた展開を行おうとしている。そのためには、組合員の運営参画もさることながら、職員が「協働者・運動者」としての認識を持つことこそが重要であるとの考え方から、職員による学習会、パネルディスカッション（活動・情報交流）などを開催するとともに、支店長や地区選出の非常勤理事を支店を単位としたくらしの活動の重要な役割を担う存在として位置づけて、活動を展開しているところに特徴がある（130頁参照）。

　一方、JA静岡市女性部（美和支部）の事例は、筆者である小川理恵

氏も強調しているように、女性部の組織活動が事業として、さらには地域活性化に貢献しているところが注目される。特に、ややもすれば、活動メンバーの固定化や活動内容のマンネリ化が進み、内向きの組織になりがちな組織活動に対して、メンバーの意向をくみ取りながら消費者とのコミュニケーションを進め、そこから出されるアイデアからさまざまな手作り商品が生まれるなど、生産者と消費者との協働を基盤とした事業を展開しているところに特徴がある。またそのことが、女性部員の居場所づくりや経済的自立につながると同時に、総代や理事の誕生といったJA運営にも好影響を及ぼしていると考えられる。

「農業、家族、仲間、そして地域をつなぐのが私たちの役割です」と述べる女性リーダーの言葉にあるように、ここでの取組みは、上述したJAグループが目指すべき「持続可能な農業」の実践とみることができよう（154頁参照）。

6. 活動参加の促進と総合力の発揮に向けて

さて、「食と農を基軸として地域に根ざした協同組合」を展望するために、JAの組織内外とのつながり、支店など小地域を単位とした協同の重要性が指摘され、実際に「くらしの活動」「支店協同活動」「JAファンづくり活動」など、いろいろな名称が用いられながら、人と人との結びつきをベースとした地域を単位とした協同活動の展開をはかろうという動きが見られる。

こうした取組みの背景には、もちろん組合員の世代交代に対する危機感があるが、そこに止まらず、一見民間企業との差別化がむずかしいJA事業において、その基盤には組合員の活動や地域での支え合いが存在することを可視化すること、地域を単位としてもう一度協同活動に根ざしたしくみを再構築すること、さらにはJAの職員教育としても位置づけながら、職員自らが地域に入り組合員との関係性を強化するという意義がある。このように考えると、組合員や地域の課題に向き合うため

に重要になるのは、協同組合としての仕組みの中に組合員・メンバーによる活動参加を明確に位置づけること、と同時に職員が組合員との協働を通じて事業と活動との結びつきを意識的にはかることであろう。

　一般に、協同組合が通常の株式会社とは異なる特性として、組合員の「三位一体性」が強調される。つまり、組合員が出資者、事業利用者、運営参画者という三つの性格を一体的に有することが、株主、顧客、経営者がばらばらの関係にある株式会社にはない強みであるとされているのである。しかし、事業や組織の規模が大きくなったJAでは、組合員の三位一体性を強みとして発揮することはむずかしい状況にある。この問題を克服するためには、組合員やメンバーの身近なところでの活動を数多く展開し、そのことを通じて組合員のニーズや地域の課題を職員が適確にくみ取ることが重要である。

　出資、事業利用、運営参画と並んで、活動参加を積極的に位置づけることによって、地域に潜む食や農、さらにはくらしや地域の課題に関心を持つ多様な個人の参加・参画を可能にし、外向き・双方向の広がり力を持ったJAづくりに向けた第一歩としなければならない。

　関連して、JAの「総合力」発揮のあり方も改めて考えてみる必要がある。JAが複数の事業を兼営する総合農協の形態をとっていることで、自ずと強みが発揮されるわけでは決してないからである。

　従来から考えられてきたJAが有する総合性とは、主として事業と事業との相乗効果が念頭に置かれていた。たとえば、旧来の食糧管理法に基づく事業方式は、農産物の販売事業を通じた販売代金が組合員のJA貯金口座に振り込まれることによって、信用事業における貯金の吸収コストや購買事業における未収金回収のためのコストが節約できた[※1]。もちろん、こうした効果発揮のベースには営農指導事業の効果的な実施があると考えられ、この点は、広い意味での生活関連事業と生活指導事業との関係についても同様であった。

　しかし現代においては、こうした複数事業の兼営による事業から事業への波及効果という意味での総合力の発揮は困難になっている。食管制

第10章 「食と農を基軸として地域に根ざした協同組合」を実現するために

度など伝統的な事業方式の廃止・後退や、組織の縦割り化の進展、特に、JA の広域合併と、全国連と県連との統合を軸とした連合会機能のさらなる専門化、さらには、2000年以降強く要請されてきた事業部門別の採算性確立は、上述のような総合力発揮の条件を根底から覆したといっても過言ではない。

JA が総合農協という形態をとっている実態だけでその存在意義が高まり、組合員のくらしを守り、豊かな地域社会づくりに貢献できるとみるのは楽観的すぎる。しかし、総合力発揮の条件確保が困難にあるという理由でその可能性を追求することを放棄するのは、JA の単なる合体組織化、場合によっては株式会社化を押し進めただけである。

そこで今求められているのは、JA 関係者が意識的に総合力発揮の発現に取組むことである。

協同組合とは、あくまで事業の実施を通して組合員の期待に応えていくものである。ただし、事業の根っこには、人と人とのつながり、お互いの学び合い、活動と活動・事業との結びつきがなければならず、こうしたことが地域を舞台にして展開されていく必要がある。また、組合員の共益を実現していくためには地域の公益的な領域にしっかりと取組む必要があること、逆に組合員の共益を育むことが地域の公益の実現につながっていくという循環的な関係を構築することも必要である。

JA の総合力は、決して単体の事業部門同士の合体力ではない。学び・活動と事業、組合員の共益と地域の公益が縦横に重なり合ったしくみを有する JA こそが、民間の企業には真似のできない現代的な意味での総合力を発揮することができると考えられる。（2016年2月号掲載）

※1　北川太一・柴垣裕司編著『農業協同組合論』JA 全中（2009年）73〜74頁

終章 JA新流 JAに横串と多様性を

小林 元(こばやし はじめ)
広島大学大学院生物圏科学研究科 助教

1. 特集「JA新流」が目指したところ

　本書「JA新流」は、2014年の農協改革の議論を経て、これからのJA自己改革の中で、JAが目指す方向性を探ることを一つの目的として企画されました。

　そこで目指したところは、①JAに求められる自律的な改革の方向性を明らかにすること（序章〜第3章；『解題』および『一歩先を行くJA』）、②JAが自ら改革していく上では、「ひとづくり」が重要であること（第4章〜第7章；『革新を生み出す人材育成』）、③そして組合員と共に、地域で協同を再構築していくこと（第8章〜第11章；『協同を拡げるJAの取組み』）、以上の三点の明確化にあります。

　いずれも、全国のトップランナーのJAの役職員の筆で具体的な実践をご紹介いただき、加えて識者による論点整理を踏まえて、読者自らが考えうる特集となることが意識されています。

　「一読して終わり」、もしくは「あそこのJAだからできる」、「うちには無理」と棚に上げるのではなく、自らのJAの自己改革に是非、活か

していただきたいと思います。

2. 求められる「協同組合の基本戦略」

さて、農協改革の議論を経て、連載中には農協法の改正、そして「創造的自己改革への挑戦」を掲げた第27回JA全国大会が開催されました。この一連の議論と経緯の中では、JAには国がいうところの「農業所得の増大」への寄与が求められ、それにも応える形でJAグループでは、「農業者所得の増大」・「農業生産の拡大」・「地域の活性化」をJA全国大会の柱に位置づけました。

しかし、農協改革の一連の議論の本質は"日本型総合農協"＝総合JAの解体にあり、1980年代以降から続く「改革」という名の下での農協攻撃の今日的な"通過点"にすぎません。すなわち、農協法が改正されたことで農協改革が終焉したわけではなく、いよいよ本丸としての「信共分離」や「分社化・株式会社化」などを含めた、総合JAとJAグループの解体が危惧されます。

改正農協法には「5年後に再検討する」とありますが、我々に残された時間はわずかです。その中で何をしていかなければいけないのか、危機感をもって、かつ協同組合らしいボトムアップ型で自律的な自己改革を進めていく必要があります。

その一つの道は、協同組合に協同を再構築する過程であり、わかりやすくいえば、石田論文（序章）にあるように「組織活動の革新に絶えず励みながら、その革新の成果を事業活動の革新の肥やしにする」という「協同組合の基本戦略」にあるといえるでしょう。

石田氏は、そこでの重要な事柄を次の三つに整理しています。

第一に「組合員の組織活動を活発化するために、『人づくり運動』を進めていく」、第二に「組合員の組織活動と組合の事業活動をつなぐパイプを太く、短くすること＝役員（理事）の資質向上」、第三に「組合の事業活動を活発化するために、横串をさす」、の三点です（13頁参照）。

170

終章　JA新流　JAに横串と多様性を

3．好循環の仕組みをつくる

　「人づくり運動」を進めることは、組合員、職員、役員のすべてにおいて必要な取組みです。そして、ここにこそ、私企業とは異なる協同組合であるJAの特徴、そして強みがあります。

　一般的に私企業では、職員と役員の人づくりは積極的に行われます。対して消費者≒顧客は、人づくりの対象ではなく事業の対象であり、むしろセグメント化

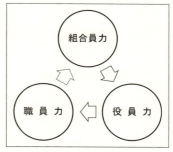

2015年4月号石田論文の模式図

（グループ化、類型化）し、いかにその顧客満足度（Customer Satisfaction）、顧客ロイヤリティ（Customer Loyalty）を高めるか、そしてコントロールするかが問われ、客体であり対象、すなわち"お客様"にすぎません。

　しかし、協同組合は組合員の組織であり、組合員を主人公としたガバナンスシステム（運営の仕組み）が構築されています。最もわかりやすいところでは、組合員によって組織の代表として役員（理事）が選出されます。そして役員が中心となって組織をマネジメントするということになります。このため、事業と運動のリーダーとしての「役員（理事）の資質向上」も求められます。そして、そのリーダーは、組合員の組織活動の中での学習を通じて育まれる点にも注目できます。そうした意味において石田論文の模式図は、きわめてわかりやすく、これからのJA・JAグループの改革の道筋を示しているといえるでしょう。

　ポイントは、「役員力⇒職員力⇒組合員力⇒役員力」の好循環にあり、そして「職員力」を明確に位置づけた点にあります。筆者は協同組合の職員の労働のあり方を、組合員の運動と事業をサポートする「サポート労働」[※1]と位置づけますが、その中身は青柳論文（第6章）で指摘される通り、組合員の運動と事業の「『パートナー』『オルガナイザー』とし

171

ての『JAマン』」にあると思われます（108頁参照）。

※1　協同組合の専門労働、すなわち協同組合における職員の働き方をサポート労働（サポートワーク）と捉えることは、田中秀樹氏の整理を援用している。田中秀樹「地域づくりと協同組合運動」、大月書店、2008年、416頁他。

4．次世代の JA の運営の仕組みづくりへ

　この好循環のメカニズムは、JA横浜の海沼氏の論文（第4章）に明示されているように、「良き職員がいるところに良き組織リーダーが生まれ、良き組織リーダーがいるところに良い職員育つ」という実践からも導かれています（77頁参照）。その上で注目したい点は、JA横浜の組合員組織図です。

　これまでのJAのガバナンスシステム（よりわかりやすくいえば組合員の運営参画の仕組み）は、集落などの基礎組織を選出の母体とした地域の組合員代表が中心的でありました。地域に根差した選出から「土着型ガバナンス」[※2]などとも呼ばれます。もちろん組合員の多様な意見を聞く場として、Aコープの利用者組織などを設置する取組みも見られますが、概ね地域に根差した「土着型ガバナンス」が一般的でしょう。

　ところが、今日のJAの組合員は相当に多様化が進んでいます。准組合員数が正組合員数を超えたことが、組合員の多様化の象徴のように言われますが、その中身はより多様化していることが実態です。大規模な経営を営む農業者から、自給的な農家、さらには集落営農などに農地を預けた統計上の土地持ち非農家など、正組合員も農との関わりに濃淡が拡がりつつあります。

　准組合員を十把一絡げに議論する向きも多いようですが、その中身は、元正組合員、正組合員家族、他出後継者など農業に近しい人々から、食に関心を持つ子育て世代など相当に多様になっています。こうした組合員の多様化は、組合員が抱える課題やニーズも多様化しているということを表します。そして、多様化する課題やニーズに対応した次世代の

終章　JA 新流　JA に横串と多様性を

JA の意思反映なり、運営参画の新たな仕組みが求められています。

　ということは、従来型の「土着型ガバナンス」に替わる新たな仕組み
が必要だということになります。JA 横浜の組合員組織図を見ると、多
様な意思反映、運営参画のルートが確保されていることがわかります。

　その一つが支店運営員会です。詳細は海沼論文に譲りますが、重要な
ことは多様化した組合員の多様な声を反映する仕組み、運営参画を可能
とする仕組みとしての「複線型のガバナンス」[3]を構築することでしょ
う。もう少しわかりやすく「多様な組合員が参加する多様な場を用意し
ていくこと」と言いかえてもよいかもしれません。

※2　農協経営を土着的安定性と定義し、そのガバナンスが "むら" に依拠してい
　　ることを有賀文昭氏は整理している。有賀文昭「農協経営の論理」、日本経済
　　評論社、1978年。
※3　増田佳昭氏は、今日の JA の組合員の多様化に対応したガバナンスルートの
　　複線化を訴えている。増田佳昭編「JA は誰のものか」、家の光協会、2013年、
　　210頁他。

5．対症療法から原因療法へ

　「複線型ガバナンス」を構築するためのヒントとなる実践が、全国に
拡がる支店運営委員会や支店協同活動などの取組みでしょう。「次代に
つなぐ協同」を掲げた第26回 JA 全国大会では、支店を核とした取組み
を進めていくことを掲げました。

　その源流の一つが JA 福岡市の取組みであることは読者の皆様もご存
じでしょう。JA 福岡市の清水氏の論文（第5章）では、改めてその経
緯が詳述され、組織基盤づくりから組織活性化、そして JA を主体とし
た支店行動計画から組合員参加型の活動への模索の連続が描かれます。
そして、模索を重ねる過程で、職員・組合員・地域への意識づけの重要
性を発見したのです。こうした取組みが、平成19年度の「人づくり基本
方針」につながりました（94頁参照）。

173

全国の JA の現場をお訪ねすると、ややもすれば活動ありきで、「よくわからないが、とりあえず支店協同活動とやらをやってみよう」や「支店運営員会とやらを設置してみよう」という JA も多いようです。そこに欠けている点は、なぜこうした活動を行うのかという模索であり、そして JA 運営の中での明確な位置づけでしょう。

　対して、本書で紹介された各 JA の実践では、まず JA の社会的役割なり組織の意義の再発見と明確化があり、その上で組織の課題の掘り起こし、そしてその課題への対応として何が必要なのかという模索があります。そこでは、必ずといっていいほど、JA トップである役員（理事）が取組みの意義なり位置づけを自らの言葉で語っています。農林年金理事長の松岡公明氏の言葉を借りれば、JA には「対症療法ではなく、原因療法（根治療法）」こそが求められているのです。

6. くらしの活動から学習の場、その先に意思反映

　同時に、役割の再発見と明確化、課題の掘り起こしと対応、それらの模索を自ら実践した JA には、共通する取組みがあります。それは、JA 自らが、組合員や職員の学習の場を手探りで構築していく点にあります。わかりやすくいえば、自ら考えている JA では、支店協同活動などの取組みに、必ず組合員学習の場、職員学習の場をつなげているということです。さらにその先には、組合員の意思反映や運営参画の幅広い場づくり（≒「複線型ガバナンス」）が用意されています。

　先の農協改革の議論の中では、多様な組合員の意思反映や運営参画のあり方も議論となりました。端的にいえば、組合員の声をいかに JA 運営に反映するかということです。第27回 JA 全国大会の決議では「アクティブメンバーシップ」という新しい言葉が用いられましたが、ありていにいえば組合員の積極的な参加を促すということでしょう。

　たとえば、前出の海沼論文によれば、JA 横浜では、「さらなる女性参画推進を目的に、平成28年度より、支店運営委員会の評議員として、新

たに女性評議員1人の特別枠を全支店に設けることを予定」(82頁参照)しているとのことです。考えてみれば、現代において女性の役割発揮が期待されていることは当然です。そもそも財布は女性であるお母さん方が握っている家庭も多いでしょう。

　また、小川論文(第9章)にあるように、農産物の加工や地域づくりでは、女性の感性と発想、技術が役割を発揮しています。こうした実態がありながら、JA運営は依然として男性中心といわざるを得ません。JA運営に女性の声をさらに積極的に取り入れていくことも重要な取組みです。小川氏は、「『社会的目的』と『経済的目的』の両立を実現するにあたり、組織活動と事業活動の触媒となり得るのが『女性』ではないか」と、女性を積極的に位置づけています(144頁参照)。

　JA京都にのくにの福井氏の論文(第8章)では、一歩先を行く取組みが紹介されています。JA京都にのくにでは「運営参画の輪の拡大に積極的に取組む組合員を育成」するとして、組合員学習を位置づけています。そして、運営参画では女性部、生産者部会、青壮年部といった組織枠の総代を設けています。特徴的な取組みは准組合員の運営参画の途でしょう。具体的には、平成27年度より「准組合員総代」を任命しました。法制度に関わらず、准組合員の声を聴く仕組みの模索が始まっているのであり、まずは、「JA運動の理解者をもっと増やす」ことからだとのことです(139頁参照)。

7. JAに横串をさすために

　ここまでの議論を簡単に整理すると、支店を核とした協同活動、教育文化活動などを通じて、多様な組合員の声をJA運営に反映する仕組みづくりが進んでいるということでしょう。そして、こうした活動参加から意思反映・運営参画に結び付ける仕組みを活性化するためには、職員学習、組合員学習といった学習の場が必要です。すなわち、活動と学習、活動と意思反映・運営参画、学習と意思反映・運営参画を結び付けて組

み立てる必要があります。

　もう少しこちら側に引き付けて言いかえれば、「活動、学習、意思反映・運営参画に横串をさす」ということですし、その出発点の一つが支店を核とした活動、支店協同活動ということでしょう。

　ここでの課題は、全国で拡がる支店協同活動に学習を結び付け、その先に意思反映・運営参画までつなげていくにはどうすればよいのかということです。そのヒントは本書のJAの取組みと、そこでの言葉に隠れています。少し紹介してみましょう。

　JAおちいまばりの村上氏は、「『JAおちいまばりの取組み』は、事業活動や職員教育を通じて、『JAとして組合員のためになにができるのか』『地域に根ざす協同組合として地域に何ができるのか』と役職員が常に問い続けている結果」といいます（38頁参照）。

　また、JA新ふくしまの菅野氏は「『地域のど真ん中にあるJA』は、『みんなが主役』を目指」すといいます（50頁参照）。

　いずれも共通する点は、JAの社会的役割や組織の意義を再発見して自らの言葉で定義している点にあります。かつての均一な農家によって構成された「おらが農協」から、多様な組合員の多様なニーズに応える「次世代のJA」へと変化していく中で、改めてJAの社会的役割、意義を再発見・再構築することが求められているのではないでしょうか。

　JA兵庫六甲の竹谷氏の論文（第7章）では、JAとそれを取り巻く環境の変化を真摯に捉え、組合員に向き合った結果としての「くらしの相談員」制度が構築された経緯が描かれています。その中では、組合員のくらしを横串として事業そのものの組み立てを改革した「生活文化事業」が紹介されています（115頁参照）。それは、出発点として組合員のくらしに寄り添って、JAのあり方を考えつくした成果といえるでしょう。

　また、JAあいち知多の松田氏の論文（第3章）では、特に役職員に焦点を当てた職場づくりと人材育成が描かれています。紹介された重層的かつ多様な取組みに驚かされますが、こうした職場づくりと人材育成もまた、JAあいち知多が目指す姿としての「組合員・利用者・地域の方々

終章　JA新流　JAに横串と多様性を

から感謝、信頼、必要とされる組織となる」ことがその根っこにあります（69頁参照）。

8．多様性を育む協同組合を目指して

　JAの社会的役割なり意義を考える上での論点を的確に整理した北川論文（第10章）からは、さまざまな示唆を得ることができます（157頁参照）。筆者なりに簡単に読み解けば、①新自由主義的な単一の価値観に収れんされることのない多様性がJAに求められていること、②くらしに寄り添う総合事業の意義を、活動と事業が相互に連関するという点に求めていること、③地域の支えあいを可視化して、地域を単位としてもう一度協同活動に根差した仕組みを再構築すること、④組合員による活動参加を明確に位置づけ、職員が組合員との協働を通じて事業と活動を結び付けること、がポイントではないでしょうか（下線は、筆者なりに重要と思われる言葉を表しています）。

　その上で、北川氏は「総合力」発揮についても鋭く指摘しています。「現代において複数事業の兼営そのものが総合力を発揮するのではなく、JAの組合員、職員、役員が意識的に総合力発揮に取組むことが必要だ」と整理されます。そして、そこでは人と人とのつながり、お互いの学び合い、活動と事業との結びつき、といった関係づくりが求められ、その先には組合員の共益が地域の公益に結び付く循環的な関係づくりまで言及がされています。

9．改めて農協改革の本質を考える

　今日、協同という言葉の意味、そして協同組合の意味を考え直すことが求められています。一連の農協改革の議論は、北川氏が指摘するように、新自由主義的な単一の価値観の中で進みました（158頁参照）。

　直近では日本農業新聞の記事で、小泉進次郎自民党農林部会長の発言

177

に眼が行きます※4。記事によると、小泉氏は「肥料の種類は韓国の約100種類に対して日本は約1万6,000種類に上ると指摘。『本当に1万6,000種類が必要なのか、それだけ多くの肥料を作っている工場の稼働率はどうなのか、そういったことで考えると、構造問題を突いていかないと、農政新時代を切り開くことはできない』と述べた」とあります。

　この小泉氏の言葉は、均一化・平準化され効率化のみが優先される社会で求められているものと、筆者は受け取りました。なぜ、日本の肥料が多種多様であるか、それは日本の農産物の豊かな多様性にあります。地域性や風土に応じた農産物の多様性は、同時に地域の固有の宝であり、資源です。そうした多様性を否定する社会は、果たして「幸せ」な社会といえるのでしょうか。

　この言葉にも明らかなように、問われていることは、単にJAのあり方のみではなく、協同組合なり、さらにはこの国のかたちそのものが問われているのです。それが農協改革の本質であると思われます。

※4　日本農業新聞「資材の構造改革必要　肥料工場集約化を」、2016年1月14日付。

10. 結びにかえて

　他方で、協同組合を見渡しますと、「社会的目的」と「経済的目的」（10頁参照）がせめぎ合っています。しかし、協同組合の歴史の中では、常に議論と試行錯誤を繰り返し、「社会的目的」と「経済的目的」、運動と事業の両立を目指してきました。その議論と試行錯誤は、歴史的に組合員のくらしから出発し、顔が見える小さな地域から始まったという経験（≒小さな協同）を大事にしたいと思います。

　今日のJAでは、その一つが支店を単位とした取組みといえるでしょう。顔の見える範囲で、縦割り化されたさまざまな事業や活動に横串をさす取組みが拡がっています。それが、活動と学習、そしてその先の意思反映・運営参画のあり方まで結び付けた取組みであるということが一連の

終章　JA新流　JAに横串と多様性を

本書で学んだことの一つですし、その好循環を、「役員力⇒職員力⇒組合員力⇒役員力」のサイクルで発揮する仕組みづくりが必要となります。そのためにも、JAの社会的役割、意義の再発見・再構築が出発点として求められています。

　最後に蛇足になりますが、本書の中で、海沼論文の「JA間地域間連携の必要性＝横軸組織の強化を」という指摘（83頁参照）には、はっとさせられました。この指摘は、言いかえれば今日のJAグループのあり様そのものを問う鋭い指摘といえます。中央会改革が迫られている中で、この指摘にどのように応えていくのか、議論が待たれます。（2016年3月号掲載）

【編著者略歴】
石田　正昭（いしだ　まさあき）
1948年東京都生まれ。東京大学大学院農学系研究科博士課程単位取得退学。三重大学教授を経て、2015年より龍谷大学農学部教授。専門は地域農業論、協同組合論。主な著書に『農協は地域に何ができるか』（農文協）、『JAの歴史と私たちの役割』（家の光協会）、『参加型民主主義　わが村は美しく』（全国共同出版）など。

小林　元（こばやし　はじめ）
1972年静岡県生まれ。広島大学大学院生物圏科学研究科博士課程後期修了。(一社）JC総研を経て2015年より広島大学生物生産学部助教。主な著書に『農山村再生の実践』（農山漁村文化協会／共著）、『JAは誰のものか』（家の光協会／共著）、『地域は消えない』（日本経済評論社／共著）など。

JA新流―先進JAの人づくり・組織づくり―

2016年9月1日　第1版第1刷発行

編著者　石　田　正　昭
　　　　小　林　　　元
発行者　尾　中　隆　夫
発行所　全国共同出版株式会社
　　　　〒160-0011　東京都新宿区若葉1-10-32
　　　　電話 03(3359)4811　FAX 03(3358)6174

©2016　Masaaki Ishida, Hajime Kobayashi
定価は表紙に表示してあります。
印刷／新灯印刷（株）
Printed in Japan

本書を無断で複写（コピー）することは、著作権法上認められている場合を除き、禁じられています。